JN184247

ハーバルガーデン

香りを空間にデザインする

槇島 みどり

東京農大出版会

ハーバルライフ覚え書き

本稿は、これまで併せて論じられることのなかった植物の形状と植物に備わる香りとを組み合わせて、植栽デザインに新しい機能を与え、植物を有効に活用する手法をとりまとめたものです。

香りの漂う景観は人間の心身にどのような影響を与えるか、また、植物の生育形に留意した場合にその場をより効果的に演出するためにはどのような形状を組み合わせることが好ましいか、ヒトの症状改善に役立てるには植物の芳香成分をどのように組み合わせるべきか、等々について検討しました。それをもとに、多面的な分類と類型化を試み、根拠を示した後に客観的な資料として使えるようにまとめました。

植物の可能性を考察するために、5000 年以上前からヒトがどのように植物の香りと関わってきたかをふりかえってみると、はじめ神々との交信や精神的な拠り所として利用されてきた植物の香りが、現在にまで受け継がれてきた経緯と活用法が見えてきました。芳香成分の効果が、特に医薬的な面でいかに多大なものであったかがうかがえ、香りを備えた植物は「特別なもの」で、特権階級のものだったのです。が、身の回りに生えていたからこそ「特別なもの」は民衆の間で使われるようになっていきます。民間療法における「使いこなす」植物として、ハーブは人間社会で身近なものとなっていったのです。

精油は、そもそも植物自身が害虫や病害菌から自らを防御するために生合成している成分であると考えられます。その役割を知ったうえで、ヒトのためにも活用しようという思いが重なり、新たな視点から芳香植物＝ハーブを景観素材に取り入れようとしたわけです。

日本では 1980 年代半ばから草本類を主体としたいわゆる「ハーブ」の紹介

が始まり、飲食の場面やハーブガーデンに用いられることになりますが、植栽素材としてのハーブの活用は公園よりも個人的な庭園に使われることが多く、ガーデニングにおいて趣味的に品種や香りを楽しむというスタイルが主流でした。

現在に至るまでのハーブの使用法を植栽材料として見直してみると、ハーブガーデンの多くは見本園的であり観光園的なのです。人気のあるハーブを単独で景観の中心に用いるスタイルは多くの人を集めていますが、このようなスタイルの場合は芳香自体がデザインの中心にはなりにくく、また、精油成分の効能をその場の個性としてセールスポイントにしているわけでもありません。

そこで、ハーブガーデン自体に新しい機能を付加するための第一段階として、日本で栽培可能な芳香植物を気候条件、土壌条件、地域ごとの栽培実績等に基づいて選定しました。次に、精油成分がもっとも多く生産される時期と重なる開花期や、生育形や固有の形態について分類してみました。さらに、その中から効能の優れた品種について精油の化学成分を調査し、効能作用の傾向をまとめました。こうした作業を通じて植栽素材としてのハーブを見直してみると、現代人の抱える特定の症状に注目した時、どのような精油成分の組み合わせが症状改善に有効であるのかを概ね予測することが可能になりました。

次に、公共公園を散策する人々に対して、香りを提供する素材としてハーブを使用しやすいように、草丈、樹高、広がり別に分類を試みました。この一覧を用いれば、ハーブの葉が互いに触れ合い、また、ヒトの手、足、体側の各部位と葉が触れ合うための設計計画が容易になるはずです。

ハーブに備わった花色、葉色については主要なテーマとして扱っていませんが、多くの人々がハーブ類に備わる全草の色彩特性について香り同様に好感を持っている事実があります。ですから、開花色によって構成される花景観では、ハーブ類の中心的花色である薄紫～濃紫、ピンク系、空色～濃青の色調が作り出す心理効果には特別な意味が認められることになります。内面のバランスを回復させ、緊張をほぐし、リラックスさせることができるのです。また、この色彩を好む人は 40％を超え、青緑、緑、灰緑、黄緑などの葉の微妙な色彩を多くの人が好ましいと感じているとの報告があります[49)]。それはきっと構成される色彩のハーモニーが心地良いからなのでしょう。従って、ハーブは、香の効果を備えた嫌われる要素の少ない植物材料であることが示されていることになります。こうした事々から、活用法についても積極的に向き合うべき素材であり、空間に新しい機能を与え得るデザイン要素であると考えられるのです。

近年、精油成分についてはアロマテラピーの分野で化学成分の検証が明らかにされ、効能が示されるとともに多様な作用が期待されています。精油原液の香りについては、濃度を変化させた場合の心理変化について検討された報告もあります。香りの好感度は一般に低濃度で高く、原液及び、原液に近い高濃度の場合に好感度調査は顕著に低い評価になることがわかっています。

また、その環境に流れてくる、あるいは充満する香りは心理変化に大きく関わり、その芳香の与える心理的影響は一定時間持続され、香りの好感度によって心理的効果が変化することが検証されています。精油のこうした検証結果に比べると、ハーブ類から発散される精油は極めて薄い状態で空気中に存在することになります。ハーブガーデンに漂う香りはヒトの好感度評価が高いことになるわけです。個々のハーブから揮発される精油類はヒトとの接触や風によって空中で混じり合い、そこに生じる環境内の芳香は極めて希薄でありながら知覚可能なものであるといえます。水蒸気蒸留法によって精油を採取した場合、精油は原材料に対して0.01％から数％の収量でしか得られない極めて濃縮されたものです。強烈な香りに対する好みは大きく賛否が分かれ、むしろ、嫌われることが多いのも当然でしょう。評価の報告を聞くまでもなく、自生のハーブから漂う自然の香りは、ごく希薄だからこそ心地良く感じられます。森林浴を思い出していただければ……。この点が芳香療法（アロマテラピー）に用いる精油原液との相違点です。もちろん、施術時にも１～5％に希釈して使うのですが。

一方、香りの効用についてはアロマテラピーの施術による精油の効能事例からも明らかなように、ハーブから揮発されている精油に効果があると考えることができます。単独品種の香りの吸入に比べると、混植によって得られる香りの吸入は多様な生理反応と結びついて、さらに効果的な作用を示すはずです。不特定多数が利用する公共空間に対して、多品種のハーブを用いた植栽計画は、快適性や場の空気の浄化に加えて予防医学的立場からも有効であると考えられます。

現況の公共緑地はすでにさまざまな機能を有していますが、植物の生育形・形状以外に、芳香特性を加えた設計を行うとすれば、公園や緑地で過ごす時間は「五感すべてを使って体感するもの」になります。

『みどりの香り』についてはすでに畑中[51.52.59)]が論じていますが、そこで語られている内容は森林の樹木が中心です。元来、木の葉に含有される精油成分は、α-リノレン酸・リノール酸を経て生成されるもので、畑中らの「森の香り-みどりの香り」に関する研究では木の葉と木の幹とは異なる成分を発しており、木の幹からはテルペン類（モノテルペン類、セスキテルペン類）の生成が認められ、放散していることが解明されています。

精油成分の分類に取り上げた29種類のハーブに含有される精油内容に比べると、樹木のそれは効能作用の範囲が限られます。注目すべきは、一般にハーブ類では精油の生成及び発散部位が「葉」であり、その主成分がテルペン類であるということです。いわゆる森の香りのうち、ヒトが森林浴によって心地良いと感じ、健康維持のためにも効果が実証されている「森の香り」とほぼ同類の成分が、生育期のハーブにおいては、日々生成されているというわけです。これは植栽デザインに活用すべき必要十分な機能ではないでしょうか。

近年は、トイレや玄関、部屋、オフィスなどのそれほど広くない空間での使用を目的にした日常用芳香剤の匂いや、職場、ホテル、銀行等の窓口、催事会場などの不特定多数の人々が集まる屋内空間に流す香りシステムを環境フレグランスと呼ぶことがあります。同様に考えるならば、今後、公共公園等に計画される香りの機能付き景観デザインは、現代人の抱えるストレス性の症状改善を目的としたアロマランドスケープと捉えることができるかもしれません。

不特定多数の人々が集まる場所で使用できる香りは、好き嫌いがはっきりしていたり、特定の場所や食品イメージに直接結びついたりするものは避けなければなりません。多くの人々の嗜好を調査する必要がありますが、いろいろな香りを長時間嗅いだ場合の嗜好調査によると、香水材料に使われるジャスミン、キンモクセイなどの香りは過去にトイレ芳香剤として合成品が使用された経緯から、残念ながら好感が持たれないとの報告があります。対して、柑橘類や森の香りに並んで、ハーブ類の芳香は比較的好まれるという報告があります。食生活の変化に伴って日本人がイタリア料理やフランス料理に馴染んできたことによるのでしょう。

各データの作成は著者の約30年にわたる植栽計画の経験に基づいた資料を利用しました。また、景観がヒトの心と身体に与える影響についても、過去のヒアリングによる結果と今回まとめた内容には共通性が認められました。

芳香成分の心理的・生理的作用に対する解明は、自律神経や精神状態を左右し、香りが日々の暮らしの中で大きな役割を占めていることを示しました。集中力や作業効率の向上、また、強壮作用や鎮静作用などについては確認済みですが、医療分野における様々な研究成果によって、鬱病や認知症の改善、抗ガン作用、抗ウイルス作用、代謝促進などの命に関わる部分についても精油の働きに良好なデータが確認され、周知されつつあるのです。

本稿では、植物の生育形やテクスチャーについて、また芳香成分と作用について、植物が作り出す景観を「五感を刺激するもの」を軸にできるだけ客観的にまとめ、統合する作業を進めてきました。これらは今まで園芸・造園分野とアロマテラピーの分野、心理学の分野で別々に検討され、個別的な理解にとどまっていた内容です。快適な景観の意味を中心に据えて計画する場合、ここで統合的に整理した内容は具体的な検討材料になるはずです。

植栽計画やガーデンデザインの分野で見過ごされてきた部分に、芳香機能を付加するための資料となれば幸いです。

本稿は千葉大学園芸学部の田代順孝先生にご指導を受けた学位論文「植物の芳香効果を活用した公共空間のガーデンデザイン手法」を利用しやすいようにわかりやすくとりまとめたものです。

ハーバルライフ――香りを空間にデザインする

目　次

はじめに

1. ヒトが植物の機能を利用してきた歴史

植物の機能を人々が利用してきた歴史を辿ると、4 大文明の発祥地と重なる所が多くみられます。紀元前 3000 年頃のメソポタミアでは、すでにシュメール人の医師が植物を用いた治療を行っており、現存の粘土板には病名と薬剤の記述が残されています。植物系の薬が最も多く 250 種以上、動物系は 180 種以上、鉱物系は 120 種以上が刻まれていますが、扱われた植物の多くは香り成分を含むものでした。紀元前 2500 年頃にはピラミッドの造営が始まり、活力剤としてガーリックやオニオンが配布されていたことが知られています。紀元前 2200 年頃のエジプトの神殿には大薬草園が造られ、礼拝や儀式に用いる香りのある植物類を栽培していたといわれています。

一方、日本で薬用植物や芳香植物使用の歴史が明確になるのは 6 世紀以降です。538 年に百済より仏教が伝来し、仏教とともに医術・薬学も伝わり、この時期に中国を経て熱帯原産の芳香植物（スパイス類）、中東からは神への捧げものであった植物樹脂（乳香・没薬）が伝えられています。さらに、平安時代になると貴族の間に香りの文化が広まり、寝具に焚きこめる防虫香の一種のエビ香や、客を迎えるために焚いた空薫物（そらたきもの）、香木の調合を楽しむ薫物合（たきものあわせ）などが貴族社会の教養として盛んになります。

2. ハーブへの関心と興味

その活用に長い歴史を持つ芳香植物ですが、日本で一般の市民に関心が広がり、利用が拡大するのは 1980 年代以降のことです。1960 年～1970 年代にはベトナム戦争への反対運動から、愛と平和を掲げたヒッピーが台頭してきます。彼らはとくにアメリカ西海岸を中心に生活していましたが、その後、運動は世界に広まり、自然に回帰するムーブメントを起こします。彼らの台頭と自然回帰型のライフスタイルによって、地域特有の身近な植物を利活用しながら暮らすことが見直される契機となります。

また、当時流行したサイモン＆ガーファンクルのヒット曲「スカボローフェア」の歌詞にある「パセリ・セージ・ローズマリー＆タイム」のフレーズは、植物自体の歴史的な意味とともに、安らぎと平和を象徴する家庭料理に日々使われる香草の名を反戦の意味を込めて歌詞にしたものでした。それらの食に関わるハーブ類を中心に、「ハーブ」がその後、日本で受け入れられる素地となっていきます。

歌詞の一部は次のようなものです。

Scarborough Fair

Are you going to Scarborough Fair?
Parsley, sage, rosemary and thyme,
Remember me to one who lives there,
For she once was a true love of mine.

Tell her to make me a cambric shirt,
Parsley, sage, rosemary and thyme,
Without no seam nor fine needlework,
And then she'll be a true love of mine.

ハーブが紹介された1980年代初めは、食の西欧化との結び付きが中心にありました。フランス料理の新しい時流を学んだシェフが帰国して「ヌーベル・キュイジーヌ」を展開するなかで多くのフレッシュハーブの利用が始まります。一方で、その頃から、いわゆる成人病といわれる生活習慣病が社会問題になり、食生活改善の一手段として減塩運動が注目されるようになります。

家庭料理によく用いられるハーブ

塩分、糖分、脂肪を抑えた食事は風味と酸味を補えば美味しくいただける、と、健康的な食生活が提唱され、そのなかで食味効果を高めるハーブやスパ

チャイブ

ボリジ

イスなどの芳香植物が注目されることになるのです。

1983年にはジャパンハーブソサイエティ（Japan Herb Society：JHS）が設立され、さまざまな啓蒙活動が展開されるようになります。JHSでは、温帯原産の主に香りのある草本性植物で暮らしのさまざまな場面に有用な植物を日本における「ハーブ」と位置付けました。1980年代前半に名称とともに紹介されたポプリ（pot-pourri）はハーブを中心にした香りと彩りを楽しむ室内香です。年間を通して湿度が低く住居の密閉度が高いヨーロッパにあって、ハーブやスパイスをブレンドして、目的や好みを表現できる香りは大切な暮らしの知恵であったことでしょう。イギリスやフランスで現在も作られているポプリは香りを強調し長持ちさせるために人工的な香油を加えたものが多くみられます。湿度の高い日本には、それはやや馴染みにくい感があります。

芳香植物の利用拡大を受けて1980年代後半から栽培農家が増加し、国内の生産量は上昇していきます。また、スクールビジネスが人気を集め、栽培の楽しみの他に、衣食住の暮らしに役立つ多様な知恵を学ぶ機会がハーブスクールによって提供されました。さらに、雑誌やテレビ等でハーブの使い方やライフスタイルを提案した特集が組まれ、現在に至るまで頻繁に取り上げられて大衆化し、ほぼ安定した注目を保つようになりました。

3. 日本における新来の香草（ハーブ）とハーブガーデン

1980 年代前半に始ったハーブへの関心と利用の拡大は、1980 年代後半になると、新しい植物としてのハーブの紹介を主としたハーブガーデンの設営へとつながります。当時から現在に至るハーブガーデンのスタイルを概観すると、詳細は後述しますが、下記のような 5 つの形式に整理できます。

1. ポピュラーな品種を中心にガーデンを構成する形式
2. 多品種のハーブを紹介する形式
3. 使用目的に合わせて植栽する形式（料理、ティー、染色、美容、医薬用等）
4. 生産現場の展示を目的とした形式
5. 西洋文学にちなむハーブを植栽する形式

新しい植物の導入には常に社会的認知や、その導入を望む社会的背景があるものです。芳香植物に関しては 1960 年以降の経緯が社会的な認知と背景に当該します。

例えば、既存の植物に対するイメージや知識では考えることができなかった新しい素材との出会いによって、新たな植物の利活用が創造されるケースがあります。新しいスタイルは、そうした社会の認知とともにふさわしいデザイン手法を生み出し、進化していくことが一般的です。

日本のハーブガーデンにおいては、植物のもつ芳香の機能、及び四季に応じて変化する葉の形状、色彩等に総合的に注目したデザイン計画はこれまでほとんどなされていませんでした。

芳香植物を中心とするガーデンや、芳香植物をデザインに取り入れたスタイルは従来型のハーブガーデンにみられますが、それは、使用する植物が単に芳香を持っていること、あるいは、その視覚効果（例えば一面を藤色に染めるラベンダー畑）を利用して植栽していること、見本園や教育園的な利用を計画している、などの形式にほぼ限定されてきたといえます。従って芳香植物の活用については、観賞、食の風味付け、保存効果を高めること、香りを楽しむことなどへの偏りが多いことに気付きます。日常に使用できる有用植物として医薬的にも多面的な用途を持っているにも関わらず、現在はそれを十分に活用しているとは言えない状況にあるのです。

植物のもつさまざまな香り成分が人間に多様な効果をもたらしてきた事実を私達は知っています。それらを踏まえたとき、香りの効果を取り入れた緑地のデザインは、予防医学の立場からも現代人が抱える心身の健康問題のために貢献できると考えます。

今後ますます進む都市化の流れの中で公共空間の持つ意味は重みを増すでしょうし、そのなかで、空間の緑化は都市計画上重要な課題といえます。公共性の高い緑地は、工学的、地学的には多く論じられ、また、物理的技術や緑地のもたらす生理的効果について検討されたものも多数見受けますが、視覚的なデザインが重視されることは稀で、そうした場合も単に葉や花の色彩に着目して検討、計画された内容に留まっています。

そこで、こうした現状に対して、予防医学的に、さらには症状改善にも貢献できる空間造りを前提に、植物の芳香機能を軸に、四季変化する葉の形状や色彩などの多様な個性に着目しながら[85]新しいパブリックガーデンの可能性を探ってみようと思うのです。その上で、誰もがデザインできるように、植物の芳香成分がヒトの身体にもたらす作用を組み立て、芳香機能を取り入れた配植計画のための具体的な手法を示してみます。

槙島みどり／香りを空間にデザインする　1

Ⅰ　植物と人間の関わりをふりかえると

香りのある植物、いわゆるハーブが私たちの暮らしに身近になって30年余り。飲食や美容・健康に関連する分野ではその名前を耳にする機会が増えましたが、香りの成分に注目すれば個から公への新しい活用法が更に広がるはず、と私は期待しています。植物とヒトの暮らしの関係を時代と地域の両面から見直すことから始めます。文化は時代や地域によって特徴的でありながら一般的には多くの共通点を持っていますから植物の活用法にも同じことがいえそうです。文化の変遷とともに使用目的や使用法がどのように変わり、受け継がれてきたのかを探ってみます。

人々はかつて植物の香りを神々との交信に用い、精神的な拠り所にしてきました。そして、それは現在も続いています。その事実から、植物の香りが人間の心に及ぼす影響がいかに大きいかを理解できますし、未来に向けても有効に違いないことを私たちは予想できます。5000年の間に培われてきた植物のさまざまな機能活用の知恵の中から、現代と未来に通じる効果的な利用法を探ってみましょう。

栽培と収穫

Ⅰ-1　歴史的変遷

Ⅰ-1-1　植物の起源はいつごろ

45 億年前、誕生したばかりの地球はほとんど酸素もなかったわけですが、そこに、呼吸によって光合成を行う単細胞バクテリア（シアノバクテリア）が発生します。25 億年ほど前といわれます。その働きによって酸素濃度が上昇し、軟体動物や脊椎動物、軟骨魚類が現れ、陸性の植物が出現しますが、それは、ようやく 4〜5 億年前のこと。3 億 9000 万年前に現在の熱帯地域を中心にコケ類・地衣類などの原始的形態を備えた植物が、続いてシダ類が現れます。2 億 5000 万年ほど前の大規模な気候変動で多くの生物は絶滅しますが、その頃から針葉樹は大陸に広がりはじめます。

植物は胞子や種子によって生育エリアを拡大し移動するものですが、定着する条件は気候と物理的な地形であり、高低差、傾斜面の方向、日照量などの影響を多く受けます。その後 250 万年前から 1 万年ほど前まで続いた氷河期の終息に伴って、ようやく現在の植物相が形成されていくことになるのです。

Ⅰ-1-2　古代

1）信仰から医術へ——原始的な信仰と植物の関わり——

原始時代の各地の種族や先住民族は異なる世界観を持っており、それぞれの世界観に基づいた神話や伝説が物語として多く伝えられてきました。一方で、そうした独自性とは別に、彼らは、人間の外面と内面の調和、目に見える世界と見えない世界の調和、身体と精神の調和などの認識について種族を超えた共通性を持っていました。生命が人間の目に見えない何か超越した力に支配されているという彼らの共通の認識は、その超越した力を特定の儀式や祭式によって崇める慣習を誕生させることになります。

例えば、病気は人間の領域とそれを超越した世界との不調和を意味しているとされ、そうした思想のもとに考え出された初期の治療法は、悪霊を鎮め、神々を祝福し、呪いに打ち勝つことだったようです。こうした治療の際に大切な役割を果たすのが薫香や香料でした。文化の黎明期には神々は自分たち人間と同様に香りを好むものと考えられ、当時の医師は僧侶やシャーマンでしたが、芳香を備えた植物には特別な力が宿るとみなされ、香りと医学・医術は密接に関わりあっていました。

また、刺激性の強い香りのある煙を用いた燻蒸は、人体を清め悪霊や災厄を払う方法として世界各地で行われていたとされます。香水 Perfume（英）が、ラテン語の Per Fumus（通り抜ける 煙）にちなむといわれていることから、芳香樹脂を燃やした香りを神に捧げようとしたものであることが想像できます。神に喜びを与える「香りの奉納」は、その恩寵によって人々の願いを叶える、と考えられ、原始的な信仰儀式の一部が薫香の力に依っていたことが伺えます。

古代エジプト人は、太陽神ラーに対して、日の出、正午、日没のそれぞれの時刻に、乳香（フランキンセンス）、没薬（ミルラ）、キフィーを献じていたとされます。アッシリアやバビロニアでは、歴代の王たちは「聖なる樹」に薫香を捧げ、病に対しては住まいを清める習慣がありました[33)]。同様に空間を薫香で清めることをバビロニア人は寺院で行っており、ヒマラヤスギ、ショウブ、イトスギ、ギンバイカが用いられていたそうです。こうした空間の浄化法はさらに実質的な方法へと引き継がれていきます。中世に人の多く集まる室内で行われるようになっていたストローイングハーブもその一例です。

ペルシャ人は香を礼拝に用い、イスラム教徒は聖者を奉った神殿で頻繁に香を焚き、この習慣を現在も残しています。ギリシャ人やローマ人がさまざまな儀式で香を用いたことはよく知られていますが、ローマカトリック教会では今日も重要な祭礼時に乳香を使っています。クリスマス時期のミサに参加すれば体験できます。

アジア地域においても、地中海・オリエント地域と同様に、衛生上の目的から薫香を用いていたと考えられます。死者の埋葬時は薫香によって空気を浄化し、それはまた邪気の発散をも防ぐと信じられていました。

アメリカ大陸のインディアンは儀式の一部として燻蒸を行っていましたが、オーストラリアの先住民族アボリジニーにも同様の習慣が見受けられます。メキシコのマヤ文明では、神々のためにコパール（天然樹脂）の香料を丸めて燃やしていたといわれます。このように主のために「香を焚く」という共通性は地域が異なっていても見られるもので、それぞれの方法で民族特有の慣習となり、神々に祈りを捧げる手段として確立された儀式は今日に至るまで残っています[34]。

香りを用いた「燻蒸」と「奉納」の理由には次の３つの共通性がみえます。
（1）人間にとって心地よい香りは神にとっても快いはず、と考える。
（2）生け贄や死者埋葬時の悪臭を薫香を焚いて矯臭・消臭する。
（3）焚いた薫香が立ち上る時それは祈りとともに神々の元に届く。

時代が進むとともに香りの効果は体験を通して確かめられ研究されて、病気の予防や治療に使われることになります。芳香植物は草本類・木本類を問わず、さまざまな文化圏において原始的な信仰と密接な関わりを持っており、“香りを持つ特別な植物”は多くの場合医術と結びついていたことがわかります。

2）聖書に登場する植物[3,14]

旧約聖書にエデンの園の記述があります。その場所については考古学者の間で諸説ありますが、「エデン」は原始バビロニア語で「平野」を意味することから、ユーフラテス川の下流域を指しているとの意見が一般的です。色とりどりの草花が野原を彩り花房が一面に広がって色彩のパッチワークと見まがうばかりであった、と。ジョン・ミルトンの『失楽園』には、ゲッケイジュ、ギンバイカ、アカンサス、アイリス、バラ、ジャスミン、スミレ、サフラン、ヒヤシンスなどの記述がみられます。これらの旧約聖書における植物観には、人間と植物の関係が華やかであったことが表現されているといえます。

『出エジプト記』によると、現在も使われている乳香、没薬、白檀などがすでに用いられたことがわかります。前述のようにこれらは、聖なるものとして「主」に捧げるものであり、火にくべて用いられていたと考えられます。ユダヤの民は、エジプトを脱出した際にエジプト人の習慣を持ち出したといわれます。モーセが神から受けた戒律の中には香を焚く香台の作り方や聖なる香の調合法が含まれており、香は人々の罪を清めるためにも用いられていたことが想像できます。感染を防ぎ、伝染病拡大の予防にも用いられたという記録も残っています。

アイリス

旧約聖書の中に「聖香」に関する記述があり、古代ヘブライ人が香料を珍重していたことが読み取れ、その記述から「聖塗油」はミルラ、シナモン、ショウブ、カシアの成分をオリーブ油に溶かし出していたものと考えられます。

彼らは聖塗油の芳香を楽しむだけでなく、香辛料やワインの香りづけとして、また、女性たちの香水としても用い、ベッドや衣類の燻蒸の他、死者の埋葬時にも使用していたとされます。これらの使用法の起源は、人間の心地よさは神も同様に感じるはず、という思いと重なっています。

新約聖書は 27 書からなるもので、旧約聖書に比べて比較的短期間に書かれた上に、旧約聖書同様、翻訳につぐ翻訳を重ねて作成されたという問題点をかかえています。したがって植物に関する記述も多くは専門家による言及ではないため、あいまいな記述が多いのですが、……目をつぶりましょう。

旧約聖書には以下の表 I –1 に示すように数多くの植物が登場しますが、実際に浄化や祈りを目的として実用に利用されていたものは数種類に限られていたと思われます。

表I-1　聖書に登場する植物

旧約聖書に登場する植物	アカシア、アザミ、アシ、アネモネ、アマ、アマモ（甘藻）、アーモンド アルテミジア（苦蓬；ニガヨモギ）、アロエ、アンズ、イチジク、イトスギ、イナゴマメ ウリ、エゴノキ、エニシダ、オーニソガラム、オオムギ、オニオン、オリーブ、カシ ガーリック、ガマ、カモマイル、カラシナ、キョウチクトウ、ギョリュウ（御柳）、クミン クルミ、クワ、ケーパー（棘風蝶木；トゲフウチョウボク） コリアンダー（コエンドロ、カメムシソウ）、コムギ、シナモン（桂皮）、スイカ スイセン、ザクロ、サフラン、セージ、ツゲ、ディル、トウモロコシ、ナス、ナツメヤシ ナルド（甘松香）、ニオイヒバ、ニゲラ（黒種草）、ニッケイ（肉桂；カシア）、バラ ハスまたはスイレン、ハナズオウ、パピルス、ピスタチオ、ヒマ（蓖麻、唐胡麻；トウゴマ） ブドウ、フェンネル、フランキンセンス（乳香）、プラタナス、ソラマメ ベイ（月桂樹；ローレル）、ヘデラ、キュウリ、ヘンナ、ポプラ、モミ マートル（銀梅花；ギンバイカ）、マンドレイク（恋茄子）、ミルラ（没薬；モツヤク） ミント、レモングラス、レバノンシーダ、レンズマメ、ヤドリギ、ワタ

3）古代地中海地域の植物に関わる文化[1.11.32.37]

ハーブを育てる

古代バビロニア人やアッシリア人の間では、病気の手当てや悪霊払いなど、宗教儀式以外の芳香植物の用途も始まっていたようです。アッシリアの植物史に薬と芳香樹脂についての 200 種以上の品名の記載があるほどですから。

ペルシャ人のバラ好きはよく知られており、その使い方はかなり贅沢です。宴席にはバラがふんだんに用意され、床やベッドには花弁が敷かれていたとか。彼らの芳香好きはメディア人から受け継がれたと考えられています。当時のアラビアは、多くの植物が生育し芳しい植物に囲まれた豊かな環境でした。ジャスミンやバラ、多くのハーブ類は、この地域の原産です。

アラビア人が香料作りに用いた香草として、シナモン、ハッカ、ナルド、ミルラ等が知られています。また、とくにスミレの花を愛し、ギンバイカやナツメヤシの実、アネモネ、ニオイアラセイトウ、スイセン、ジャスミン、ユリ、オレンジの花、バジル、タイム、サフランなどをめでたとされる記録が残っており、その豊かさは現在のこの地域の様子とは比べようもありません。

4000 年ほど前のエジプト人がミイラ作りに芳香樹脂を用いていたことはご存じの通りです。神々に捧げた香料と香油の使用量も膨大でしたが、実は宗教儀式とミイラの埋葬のためにも香油や香料の膨大な消費が行われていたらしいのです。ミイラに対しては、死者が神の恩寵を得られるように、また来世にも香料を使えるようにとの理由から供されました。

紀元前 2000 年頃に書かれ、エジプト学者のエーベルスによって発見されたパピルス本にはミルラ、シナモン、ガルバヌムなどが記されています。またエーベルスによれば、香料好きのエジプト人は、身体に香を焚きこめ、食品菓子にも香りを付け、裕福な家には芳香が満ちていたといわれます。女性たちは香料入りの水で沐浴し、男たちは香料入りの軟膏を身体に塗り込めていたといわれ、当世の日本の若者ようです。ペルシャ人同様、宴会時には客のために部屋にバラの花びらが敷き詰められ、天井からは高価な香料が吊るされていたといわれます。神々に捧げるために、祭壇にはバラの花でつくられた首飾りと冠を供えることも日常的だったようです。客たちの頭には奴隷の手によって香料入りの軟膏が塗られ、食卓と床には花を撒き散らすというもてなしで祝福を受け、迎えられていました。

古代エジプトでは権威の象徴として巨大な神殿が建築されていましたが、これら神殿柱の様式の中には、ヤシ、ハス、パピルス、キクをモチーフにした紋様が多数見られます。それは当時の人々の身近にあった植物の種類を示すと同時に、植物に対する敬意や認識を物語るものといえます。ルクソール神殿を建設したアメンホテプ 3 世の指示によってさらに葬祭殿や湖のある広大な公園が建造され、多くの植物が植えられますが、その場を彩る小鳥や数々の花は外国からわざわざ輸入されていたといわれます。

ツタンカーメンの墓からは紀元前 1350 年頃の香壺が発見されており、その一部に残る褐色のペースト状練り膏は今なおほのかな香りを保っています。すでに香料というものが実在していたことの証明といえます。このベースは乳香です。

古王国（紀元前 2686～2181）の時代には香の作り方とその特殊な用途が確立されたといわれており、香料のさまざまな作り方や使用法が神殿の壁画に残されていたことから、現代の私達に伝えられたのです。

古代エジプトで香料として最も有名であったキフィ（kiphy）は「聖なる煙」という意味をもっていましたが、寺院で神に祈りをささげる際に、日の出に樹脂香、日中に没薬、日没にはキフィが焚かれていたとされています。キフィの香りは、気持ちを和らげるだけでなく安眠を誘う室内香として使われ、また、身体や衣服の香り付けにも用いられていました。このような香りの使い分けから、古代エジプト人が香料づくりに多くの知識を持っていたことや、香りの様々な利用法を考案していたことを理解できます。

彼らは初め植物の芳香部位をそのまま、あるいは乾燥させて生薬のように使用していたのですが、より良い状態で保存し、利用しやすくする検討が重ねられ、すでに樹脂や精油の採取法の工夫も行われていたことになります。紀元前 7 世紀頃のアレキサンドリアにはこれらの香料作りを目的とした工場が数多く建設されています。

香料は神への祈りを捧げるために使用されましたが、時代の流れとともに化粧料や媚薬として普及していったと考えられます。このように多量の香料を楽しんでいたエジプト人が用いた香料キフィの処方（諸説あり；ミルラ、フランキンセンス、イリス、カシア、ナルド、コリアンダー、サフラン、ペパーミント、カラマスルート、カルダモン、レーズンなど 16 種類の植物を混合）をさぐりながら暮らしぶりを想像すると、当時、最も重用されていた芳香植物は、シナモン、カシア、ミルラ、ナルド、ブドウ、レモングラス等が考えらえます。これらの香料は、主に身体の汚れを払うこと、健康を志向すること、芳しい香りによって神に受け入れられること、などを目的に使用されていたと思われます。

紀元前 1 世紀のクレオパトラの時代に香料への嗜好はさらに高まっていき、古代エジプト人が特に高く評価していたキフィを古代ギリシャ人、古代ローマ人も取り入れていきます。その処方について、諸説あるうちの一つですが、アイリス（菖蒲；オリス）、レモングランス、シェナンタス、ピスタチオ、カシア、シナモン、ハッカ、ヒルガオなどの他、フェニキアネズ、アカシア、キペルス等の植物を材料にしていたとされます。それらに、ワインに浸した干しブドウや蜂蜜を混ぜ合わせ、ミルラを加えて全体を混ぜ合わせた、と。

古代ギリシャ人も香木、精油、汁液などを香料として日常生活に使用しており、アテネにはこれらの香料の製造所が数多くあったようです。ギリシャ人は、スミレの香りを好み、バラの香りを楽しんでいました。植物学の父といわれて

クロッカス

ニオイスミレ

バラ（ドッグローズ）

いるテオフラストス（紀元前370年生）は、香料に用いられる植物として、ニッケイ、カルダモン、カンショウ、カシア、キッソウ、サフラン、スイセン、パルマローザ、バルサム、ハナハッカ、ハスを挙げています。また、調合の際に香りを持続させる保留剤として当時はオリーブ油を利用していたと思われます。

古代ローマの人々には、花や植物の香りを日常生活の中に取り入れて楽しむ習慣があったといわれ、東方から香料が移入されるようになると、その消費は急速に拡大していったようです。とくに歴代のローマ皇帝は香料を多用し、その習慣が貴族や市民の間にも普及していきました。人々は、浴場の楽しみとして芳香油や香膏を身体に塗布していたらしく、ローマのカラカラ浴場には、カラカラ皇帝の時代に、ユリ、ショウブ、サフラン、ニッケイなどが使用されていたという記録が残っています。

プルタコスの香膏の処方には16の成分が含まれており、これらは貴族階級の男性の身体に塗布するための香料植物ですが、イトスギ、干しブドウ、ミルラ、アスパラガス、セロリ、ステナンタス、サフラン、ドック、ネズ、カルダモン、レモングラスなどの名前が見られます。眠りを誘い、悩みを和らげ、心地よい夢へ誘うといわれ、いずれの効能も夜間に著しく現れるものであったと伝えられています。

I-1-3　中世

1）修道院と十字軍が果たした役割

9世紀から10世紀にかけてローマ・カトリック教会は王侯らと結びつき、ヨーロッパ世界をキリスト教化して精神的権威を確立します。権力を持った教会や修道院は土地や人民を支配し政治力を手中にしていきます。

当時、ヨーロッパ全域に普及していた医療の中心はヒポクラテス以来の薬草療法でしたが、宗教上の理由から「医学は神の意志に反している」として、科学や芸術、自由な精神を教会が奪った時期でもありました。当時の修道院は病院と宿泊施設を兼ね備えた施設であり、薬草類の栽培については「医療のためではなく、食べるために作っている」として弾圧から言い逃れていました[33)]。

現在の西ヨーロッパ文明の基礎を築いたとされるカール大帝が荘園の管理

運営をまとめた『カール大帝御料地令』(800年頃) の中には、自ら選んだ73種類のハーブや16種類の果樹についての記述が見られます。

医学校の衛生学読本としてまとめられ、生活習慣にかかわる注意事項を予防医学の立場から分かりやすく解説したものとしては、11世紀につくられた『サレルノ養生訓』があります。それによると、実は、カール大帝は本来ゲルマン文化に根ざした大酒飲み大食漢であったのですが、その大帝が『御料地令』の中でハーブや果樹についてわざわざ触れている理由を、それまでの食習慣を改めてキリスト教徒らしく振る舞い、ローマ的規範をもって食事の節制に努めた結果を示すためであった、と伝えています[27)]。

820年頃に制作された領内のザンクト・ガレン (Sankt Gallen) 修道院の建築平面図には、ビール工房、製粉所、薬草園、果樹園、菜園が示されています。ハーブ類については、ローズマリーやペパーミント、セージなど16種類、果樹14種、野菜18種の名があり、以後の修道院の設計に大きく影響を与えたと思われます。

2) 十字軍の遠征と文化交流[62)]

十字軍の遠征は、1096年から約200年にわたって繰り返し行われていましたが、結果、都市や道路が発達し、文化・文明が停滞していた中世ヨーロッパにアラブ・イスラムの学問や文化と、インド、中国などの珍しい香料や織物などをもたらします。極度の疲れや傷ついた身体を癒すコリアンダー、タラゴン、タンジー、ルー、オレガノなどのハーブもこの時期にヨーロッパへ伝わったとされます。女性たちは夫や恋人の遠征の際に、刺繍したスカーフに添えて勇気の象徴タイムを贈ったといわれます。スッキリさわやかな香りが強力な殺菌力を持つことを既に知っていたのかもしれません。主成分はチモールです。

3) 修道女ヒルデガルト

学術、芸術の発達が停滞していたといわれる中世社会にあって貴族階級出身の修道女ヒルデガルト (1098～1179)[50] がドイツの植物学の基礎を築いたといわれます。才能に恵まれた彼女は、神学者、説教師、宗教劇作家、伝記作家、言語学者、詩人、作曲家でもあり、中世ヨーロッパ最大の賢女ともいわれますが、自身は生来病弱でした。それゆえに患者を治したいという願いも強かったのかもしれません。啓示を受け取り、予言の力を持っていたことが知られています。修道院長となった後も薬草療法を中心に多くの植物に対する著作や自然観を著しており、幻想的な宇宙観が表現された『道を知れ』Scivias や、植物の利用法を具体的に記した『自然学』Physica、自然科学分野における診断と治療法について記した『原因と治療』Causes et Curs などがあります。

『自然学』は全 9 巻（または 8 巻）の博物学の書といえるもので、とくに第 1 巻の『植物の書』は薬用植物事典であるとともに料理本としても使えるものです。ヒポクラテスが説いた 4 元素と気質に対応する 4 体液の分類は古代ギリシャ医学に示されているものですが、その体液病理学の影響を受けており、東洋医学の考え方に近い内容です。生薬成分をワインや水分に浸出させたものや薬用サウナのような療法も多用されています。医学・薬草学に秀でたヒルデガルトはドイツ薬草学の祖といわれ、その著作は、20 世紀第二次世界大戦時にオーストリアの軍医ヘルツカによって再評価されたほどの優れた内容です。

西洋医学への反省から近年注目が集まるホリスティック医学の立場からも当時の医療を知る手掛かりとして見直されています。

4）ペストと中世社会

中世ヨーロッパ[37.65.68]ではペストの大流行が数回ありましたが、6 世紀から 8 世紀にかけて地中海沿岸地域に最初の大きな被害があり、その後 1347 年の春、東西交流の中心地だったクリミア半島のカーファ（現ウクライナ）に端を発する流行が最大の被害をもたらしたといわれています。

1348 年にフランスのアルザスからロシアに広まった時は数年でヨーロッパ全域に拡大し、全人口の 4 分の 1 以上が被害にあったといわれます。1348 年に出版されたトマーゾ・デル・ガルボの『ペスト対処法』には、感染予防のために「ワインに浸したパン、万能薬テリアカとミトリダティウム、クローブを推奨する。クローブの香りには殺菌効果がある」と記されています。

ショバンニ・ドンディの『ペスト対処法』には「体内の感染した血液を減らすために頭から瀉血をする。顔と手をバラ水と酢で洗浄する。毎朝、オーク、トネリコ、オリーブ、マートルなどの木を焚き、よい香りの煙で燻蒸する。その際、香油、乳香、白檀を加えると殺菌効果が高まる」とあります。

1630 年南仏トゥールーズで大流行した際、荒廃した街を意気揚々と盗賊が闊歩し、荒稼ぎをしていた話は有名ですが、彼らが感染を免れた理由は、セージ、ローズマリー、タイム、ラベンダー入りのビネガーを体中に塗っていたから、そしてそのビネガーを飲んでもいたから、といわれます。当時すでに一部の人たちは酢とハーブの殺菌消毒力を認知していたことが理解できます。

セージ

タイム

ボッカチオの『デカメロン』にもペスト流行の惨状が記され、医師の力も及ばないような悪疫大流行の時期に薬草売買によって巨万の富を築いた者もあったと記されています。

現在も残る装飾的香り玉ポマンダーは、こうしたペストの流行と無関係でなく、もともとは消毒殺菌効果の高い植物や樹脂を身につけて悪臭や病原菌から逃れるための厄除けとして使用していたものなのです。自然物に備わる消毒力や殺菌力などの特別な力を借りて特殊な能力を授かろうとする行いは、古代から続くアニミズムのひとつといえます。

5）ハンガリーウォーター[37.58)]

最初のオーデコロンあるいは化粧水といわれたものです。戦いを重ね 70 歳を過ぎてリウマチに苦しんでいたハンガリー女王エリザベート（14 世紀）のために献上されたチンキがあります。数種のハーブを用いたそれを、化粧水や浴剤として毎日使い続けると病は回復、美しく若返ったのだそうです。なんと隣国ポーランド王からのプロポーズを受け両国はひとつになったとの逸話も残る「ハンガリー水」。この処方は薬草としての芳香植物の価値を示す一例です。魅力的です。現在もウィーンの王立図書館に保存される処方は次のとおり。

ローズマリーの葉	大さじ4
バラの花びら	大さじ3
ペパーミントの葉	大さじ3
レモンの果皮	大さじ1
オレンジフラワー水	150cc
ウォッカ	150cc

これらをよく混ぜて半月置き、ろ過した後、さらに 2 週間熟成させる。

実は私もモドキを作っています。さらに 5 種のハーブを加えたブランデーによる浸出液です。効果有り、です。

カクテルで馴染み深いシャルトリューズやベネディクティンも修道院由来の万能の薬草酒です。

I-1-4　近世

1）香りの日常への展開　16世紀～17世紀

近世になると、女性は香りの力を借りて自己の個性を表現するようになります。イギリスのエリザベス一世、ルイ十六世の王妃マリー・アントワネットもその一人でした。マリー・アントワネットはバラとスミレの香りを自分の薫香と決めて香水風呂を楽しんでいたようです。

16 世紀になると、人々は乾燥させた香草や香辛料を細かくつぶしたパウダー状のもの、あるいは、芳香のある葉や花弁、種子を乾燥させてつぶし、芳香樹脂（フランキンセンス、ミルラ）やアイリスの根の粉末（オリスルート）と混ぜたポプリのようなものを香料として用いはじめます。一方、当時の香水は花と水を合わせて蒸留したもので、エッセンシャルオイルを抽出するためにワイン精（アルコール）を使うことはほとんど知られていませんでした。この時代に人気のあった香りはダマスク・ローズだったようで、当時の書写の処方書にはダマスク香粉の作り方が多く記載されています。いつの時代もバラは姿も香りも花形なのですね。

バラと並んで香粧品に多用されるラベンダーもこの頃から盛んな活用が始まります。ラベンダー水の最も古い処方の一つは17世紀のフランスの書写本にありますが、花に水を加えて単純に蒸溜水をとる製法はそれ以前からイギリスの食料品貯蔵室で広く行われており、ラベンダー水は香料と薬剤の両方で利用されていました。また今日も多用される香粉シプルは、フランスで人気の高かった17世紀には、安息香、蘇合香、カラミント、オリスルート、コリアンダーを混ぜ合わせたものだったようです。

16世紀から17世紀にかけては香料の処方に関する書物が数多く執筆され、とくにイタリア人の著作が多いのですが、それらの様々な処方の記述から、香料に対していかに高い需要があったかをうかがい知れます。

17世紀後半のチャールズ二世時代の宮廷では、女性たちが竜涎香(りゅうぜんこう)と麝香(じゃこう)、ビャクダンなどを粉末にして混ぜ合わせた「香」を好み、小さな袋（サシェ）にいれて日常的に身につけたり、箪笥や衣装箱の衣類にはさんだりして愛用していました。

その頃、イギリスで大量に繁茂していたラベンダーの草丈は上に布を広げて干すのに丁度よく、リネン類の香りづけとしても人気がありました。これはLavenderの語源が「洗う」に由来していることと無関係ではないでしょう。陽ざしが高くなった時に立ち昇るラベンダー精油が布に香気を与え、それが衣蛾を防ぐのですから一石二鳥。衣類箱にサシェを入れるのは現在も残る世界共通の習慣ですね。

表I-2　16世紀～18世紀頃に香料として使用されていた主な植物

16世紀～18世紀頃に使用された香料植物	アイリス（オリス、菖蒲）、イトスギ、オレンジ カラミント、シトロン、ジャスミン、ジンコウ（沈香） スチラックス（蘇合香）、ナルド（甘松香）、ニガヨモギ ニオイスミレ、バラ、ビャクダン、ベイ、ベンゾイン（安息香） マジョラム、ミント、メース、ラベンダー、ローズマリー

2）園芸書の出版　16世紀～17世紀[32.65]

1597年、ジョン・ジェラード（1543～1612）は『本草書・植物の話』を出版。彼は外科医で園芸技術者であり、植物園を経営するかたわら自宅近くに薬草園を持っており、1,000 種以上の植物を栽培していたといわます。もともと医者で植物が身近にあったことからそれぞれの薬効に詳しく、植物学を医学の一分野としてとらえた的確な記述がなされています。

1629 年にジョン・パーキンソン（1567～1650）は本格的な園芸書『日のあたる楽園・地上の楽園』を出版します。彼はイギリス王室に仕える薬剤師で、ロンドン郊外に薬草園を持ち、多くのハーブを集めて栽培していました。庭園という視点からフラワーガーデン、キッチンガーデン、果樹園の 3 章に分けて構成され、栽培法や料理への活用、薬効などが分かりやすく解説されています。

1652 年にはニコラス・カルペッパー（1616～1654）の手による『コンプリート・ハーバル（『完全なる植物史』）』が出版されます。内容は個々のハーブの薬効と処方について論じたもので、占星術と結びつけた利用法が示されています。個人個人の体質をヒポクラテス以来の考え方に由来する陽性と陰性に分け、陽性の星座（牡羊座、双子座、獅子座、天秤座、射手座、水瓶座）生まれには陰性のハーブが、陰性の星座（牡牛座、蟹座、乙女座、蠍座、山羊座、魚座）生まれには陽性のハーブがよく効くと説いています。また、ハーブの採取時期や服用の時間についても月や星座の位置から決められ、生活慣習にも触れています。これはかつて日本の農業に使われていた太陰暦と同様の考え方であり、シュタイナー農法（独）のベースにもなっているものです。地球の自転や公転にかかわる引力や気象条件を考えてみれば、理にかなうのは太陽暦ではないのです。

これら 3 冊の書物の発刊に伴って市民の植物への興味と使用法についての知識も増え、薬草としての植物、すなわち現在も使用されている多くのハーブについての認識が再確認され、それが時代を超えて受け継がれていくことになります。

3）芳香と薬効を認識された植物の大衆化　18世紀～19世紀[48)]

18 世紀になると、ハンカチーフやステッキを持つことが上流階級に必要なアクセサリーとなり、衣類だけでなく、持ち物や身体にも香りをつけることが流行しはじめます。一方で、ヨーロッパの街が極めて不衛生であったことも香料の需要に拍車をかけていました。人が集まり出入りする教会や集会場などに、感染症の蔓延を防ぐためにハーブ類を撒き始めた（ストローイングハーブ）のもこの時期です。人々がすでに多くのハーブ（セージ、タイム、ローズマリー、ヒソップ、ペパーミント、等）に消毒力が備わっていると知って日常に活用していた断片がみえます。体臭や衣服の臭いを緩和するために香料の使用が増加した時期でもあり、当時の新聞広告に香料専門店の広告があることからも香料需要の高さがうかがえます。

このように香りを楽しみ消費する文化を支えるためには多くの芳香植物を確保しなければならず、効率のよい栽培のためには地理的条件を確かめ土地柄も吟味する必要がありました。また、高品質の香料を採るためにも、原料の花や葉の栽培条件に同様の検討が必要でした。

ニオイの強い芳香樹脂やその他のスパイス類は熱帯地方が原産であるため、インドやセイロン（スリランカ）、極東諸国からの輸入に頼っていました。

ヨーロッパの風土には、現在私達がハーブと呼んでいる草本類や常緑小低木を中心とする芳香植物 Herbs の生育環境が整っていました。年間を通して降雨量が少なく（約 600mm）、秋季から冬季は温暖で夏季（18℃〜24℃）に比べて降水量が多く、養分の少ない石灰岩の風化した弱アルカリ性の土壌が広がっていたのです。

芳しさ故に最も重要視されたバラは、中東からヨーロッパにかけての地域で栽培され、良質なバラ香油が採取されていました。

南フランスの特に地中海沿岸地方が香りのよい花をつける植物の原産地として優れていたのは、自然環境と天候によるところが大きかったのです。地中海に面する南仏ヴァール地方の丘陵地帯の花卉栽培によって、18 世紀フランスの大規模な香料需要はほぼ満たされていき、現在もプロヴァンス地方のグラースからニースにかけては花卉の一大生産圏であり、香料を採る植物の栽培は重要かつ有益な産業になっています。またこの地方からカンヌにかけては多様なバラが繁茂しており、他にチューベロース、ミモザ（フサアカシアミモザ）、ジャスミン、ネロリ油採取用のオレンジなど、いずれも精油採取を目的の植物が手広く栽培されています。ニースからは主要農作物としてローズマリーやタイム、ラベンダーが出荷されています。

キッチンガーデンのハーブ

風に薫るハーブ

I-2　日本における香りの文化的歴史

I-2-1　仏教伝来との関連性

日本で香りの使用が確認できる最も古いものは奈良県のマルコ古墳から出土した人骨といわれ、当時は高貴な人々の遺体埋葬の際にはリュウノウ（龍脳）を使用していたと考えられています。

香料は仏教の伝来とともに欽明天皇の時期に日本に入って来たとされ、遣唐使などの知識人の往来によって、ヨーロッパや西域・アジアの文化が盛んに輸入されます。ジンコウ（沈香）、ビャクダン（白檀）、アンソクコウ（安息香）、チョウジコウ（丁字香）、カンショウコウ（甘松香）、ソゴウコウ（蘇合香）、ジャコウ（麝香）などの香料もこうした交流から根付いたものでした。

正倉院

香木

香りに関する記録が『日本書紀』にあり、スギ、ヒノキ、ヨショウ（現在の樟）などの植物名が見られます。推古天皇の時代(554〜628)に淡路島に漂着したとされる香木は極めて芳しい香煙の立ちこめるもので、朝廷に献上されたとの逸話が残っています。

聖武天皇の時代（701〜756）、東大寺建立に当たって朝鮮半島南部の三韓（馬韓、辰韓、弁韓）から輸入したランジャタイ（沈香か伽羅か）は、比類ない香木として現在も正倉院に保管されています。

天平から飛鳥、近江、奈良と仏教文化が盛んになるにつれ香料利用の中心は仏事に移っていき、仏前で焚く「焼香」、壁や柱、自らを清めるための粉「塗香」が多用されるようになりました。

I-2-2　外来芳香植物による日本の暮らしの香り

平安時代になると香りは宗教を離れ貴族社会のなかで薫物合わせなどの文化として発達し、薫香を観賞する「香合」（合せ香）の会が催されるようになります。源氏物語には「空薫物」や「移香」などの香に関する文章が見え、宇治十帖には、体臭と香料を調和させる「香りの君」と調合技術を持つ「匂いの君」との対立の様子が語られるなど、当時は香り文化を下敷きにした優雅な遊びが盛んであったことがうかがえます。

『古今和歌集』の藤原敏行の歌にも、秋の七草のひとつ「フジバカマ」にかけて、袴に香を焚きこめた移香を詠んだものがあります。

なに人か　着て脱ぎかけし　ふじばかま
　　　　　　　　　　来る秋ごとに　野辺を匂わす

貴族文化の薫香はその後衰退していきますが権力者や寺院で静かに継承され、足利義正の東山文化の時代に香道の黎明期を迎えることになります。この時代には、主流は様々な香料を調合する薫物より、ひとつの名香を焚いてその香りを楽しむことのようでした。

「香は聞くもの」であり「聞香」という言葉と漢字が当てられ、三条西実隆、志野宗信、足利義正らに受け継がれていきます。ちなみに隣国の中国にも聞香の言葉があり今も同義で使われています。日本では、茶、葛、桂皮、カミツレ、薄荷、センナ、大黄、蓬などを薬草として用いることが現代まで続いていますが、日常生活の上で植物の香りに効果的な機能を託してきた経緯はあまり見受けられません。日本の場合、香りは文化度の高い優雅な遊びとして継承され、植物の香り成分を薬用に使ってきた諸外国のスタイルとは異なります。

ところで現代の私達の暮らしは「匂い」や「香り」に終日浸かっている状態といっても過言ではありません。植物由来の天然香料はむしろ少なく、身の回りの、食品、香粧品、洗剤、バス・トイレ用品等、ほとんどの商品にケミカルな香りが付けられているのが実状です。これは東西の先人達が心身の健康のために植物の香りを用いてきた経緯とは明らかに異なるものです。残念ながら、全ての香りを天然香料に置き換えることなど到底無理な話ではありますが……

日本の現在の香りの使い方は海外のケミカルな香り付けと類似してはいますが、多くの場合、目的は商品の差別化であり、付加価値を上げるための——下げている場合も多い——「匂い」です。

一方、近年は香りに対する市民意識が高まり、本物志向・健康志向と合いまって、とくに料理や美容への芳香成分の活用が増え、ハーブやスパイスに対する興味が深まりつつあります。また、認知症対策や病室の浄化などへも香りの活用は広がりを見せています。これは自然への憧憬や先人の知恵への理解がもたらしたことと無関係ではないでしょう。そうした背景の上に、ほとんど手が加えられていない植物の代表としてハーブやスパイスがさらに認識されるはずです。

暮らしの中の香りはケミカル全盛ではありますが、植物由来の本物の香りを求める傾向が強くなってきています。人々は精油の機能を知ることになったのですが生産には限度があり、乱用は避けなければなりません。香りの使い分けを選択する時代に入ったということなのでしょう。好みの精油を購入して用いるのは個人の自由な趣味嗜好ですが、「公」への活用を考えるとき、取り出した濃厚な香りの精油ではなく、それぞれのハーブの葉の裏側から香りを揮発している植物自体を使うことを私達は思い付きます。

芳香成分の効能を市民が知るにつれて、それを空間のサービスとして活用する方法が求められる時代にもなっていくはずです。公園緑地の植栽計画に、老若男女の健康のためのさまざまな機能別ガーデンが出現するのも遠くないかもしれません。緑の空間に身を置くことが何か健康につながるための提案、そしてその方法をお話ししようと思います。

I-3 植物との関わり――近代から現代へ――

I-3-1 多様な活用法へ――植物、美容、医薬、等――

身近なところから見直してみましょう。植物とヒトの長い付き合いの中で、多くの香りのある植物は衣食住それぞれの場面で効用が認められ、活用法が考案されてきたわけですが、現代はより簡便な使い方が求められ、日進月歩で明らかになる科学的根拠の上に更なる広がりを見せています。とくに、最近は植物がもたらす健康や美容への効果に注目が集まっており、商品の成分表記を見るとそこに使われている植物の多さに驚きます。

さかのぼれば、古代エジプト時代にすでに植物由来の香粧品はあったわけですが、今日再び「ナチュラルコスメ」や「オーガニックコスメ」と呼ばれる自然に育まれた成分に注目した商品群が勢いを得ています。数千年を経て自然由来の健康補助食品や化粧品が数多く流通し、女性たちの脚光を浴びているのは興味深いことです。

「人間と自然、それは良きパートナーのように、互いにバランスをとりながら調和しあうもの」と提唱した哲学者ルドルフ・シュタイナー（独、1861-1925）が人智学の考えに基づいて自然の恵みを丁寧に取り出し、医薬品や化粧品、健康食品などを製造している商標にヴェレダがあります。1921年にスイスのアーレスハイムという町に設立された当初は、シュタイナー医学に基づく自然療法に依拠して医薬品を製造販売していました。その後、大地と植物と宇宙のエネルギーを人間の身体に取り入れることで生命が本来備え持っている自己治癒力を取り戻すことができる、との発想を基に、医薬品の他に化粧品や健康食品を取り扱うようになって現在に至っています。当初は現在注目を集めているナチュラルコスメやオーガニックコスメと呼ばれる概念は世間にありませんでしたが、身体が必要とするものを補い、心身の調和のもとに自然治癒力を取り戻そうとするホリスティックな考えが素材選びと開発にいかされて先駆的な企業姿勢を守っています。

Ⅰ-3-2　ハーブティーの商品化――普及から医療へ――

ハーブティーは熱湯により浸出される植物の薬用成分と芳香による精神的効果を備えており、ストレス度の高い環境下の現代社会においてリフレッシュやリラックスに、また体質改善への効用が見直され、近年は日本国内の認知度も高まり、一般の飲用機会が増えてきています。

そうしたハーブティーの広がりについては、1882年に設立されたポンパドール社（独）が一端を担っており、芳香・濃度・薬効などの品質を均一にする管理体制を整え、簡便に利用できるティーバッグが40年ほど前から輸入されています。

旅行や出張時にとくにおすすめの2種類があります。私は日数分のティーバッグを持っていくことにしています。化粧水やリンス・トリートメント用にはカモマイルティー。胃腸薬や肌のひきしめ、リフレッシュ用のバスタイムのためにミントティー。他のアイディアもありましょうが取り敢えず、です。ごく稀に肌質に合わない方がいらっしゃいます。ご注意ください。

ドイツ本国では嗜好品としてだけでなく、現在、同様のものが病院向けの医療用ハーブティーとしても利用されているそうです。

また、薬草療法における現代のパイオニア的存在としては、1921年生まれのフランス人モーリス・メッセゲ氏が代表的な存在といえるでしょう。M・メッセゲ氏は古代から伝えられる薬効の備わる野生の草本類に注目し、それら芳香植物類、すなわちハーブ類の活用を試みています。厳しい管理下での完全無農薬、無化学肥料によって栽培したハーブ類を用いてさまざまな薬草療法を実践し、多くの施術事例を残しています。それを通じて、詩人のジャン・コクトー、画家モーリス・ユトリロ、イギリスのチャーチル元首相、モナコのグレース公妃などの著名人とも交流を深めていたようです。彼の手によって生み出されたハーブティーは、そのブレンドが今日も引き継がれ、製造されています。

I-3-3　現代の芳香化学成分の活用

芳香植物の活用という考え方がさらに進み、芳香成分に注目が集まるにつれ、2000 年頃からは精神疾患を抱える患者に対してもその療養にアロマテラピーを取り入れる試みが始まりました。植物油に精油を溶かした芳香オイルを用いて、全身、あるいは手足にトリートメントを施して精神の安定をはかることや、空間浄化を目的に病棟内に芳香を拡散させることなどが一般的です。それは療養生活を送る人たちの気分転換や安定をはかることにつながり、こうした室内浄化法は前述のストローイングハーブ（香草を撒き散らす）と同様に考えることができそうです。

また、運動不足や薬の副作用から便秘や食欲不振に悩む精神疾患の人たちの症状改善にむけて、アロマテラピーの施術が活用され始めたとの報告も増えています。

医科学的論拠に基づいたアロマテラピーの実践は医療現場においてもまだまだ課題が多く、医療従事者ではないアロマテラピストの活動は残念ながら現在の日本では制限されています。しかし、ストレスケアの観点から補完的に関わることができる領域は大いに認められ、注目され始めています。

精油の濃厚な香りは、実際に地に生える植物から発せられている香りとは異なるように感じられることも多いのですが、芳香成分に変わりはありません。それぞれの状態にある香りを効果的に快適に活用するための検討や工夫はまだ未開発といえますが、芳香植物による心身両面に影響を与えるシステムについては、今後期待される分野といえそうです。

上段左から、マロウ、スペアミント、ローズ、下段右から、ハイビスカス、ラベンダー、ジャーマンカモマイル

ハーブティー

まとめ　I

歴史をふりかえりながら芳香植物の使用目的を概観してみましたが、ある種の植物が香りを備えていることは特別なことであり、「特別である」ために、神や時代の長である君主、皇帝、王、女王などの特別な立場の人たちに使われてきたことがわかります。そうした歴史を経て、香り自体に多くの作用があることが体感され、その経験は、医療を含む暮らしの知恵として実生活で用いられるほど身近なものとなったのです。

とくに植物の作用を広く一般化するために東西の文化を融合させたという点で十字軍や修道院の役割は、大きかったといえます。歴史と文化を下敷きにすると、香りの機能を積極的に活用するための多くの知恵を拾いだすことができます。

祈りと共にあった香りのある植物への興味と用法は、東西の交易や遠征によって地域や国家を越えた多くの人々の共有の知恵となっていきます。神との交信に用い、神への捧げもの、献じ物であった植物の香りは、やがて有益なものとして人々に認識され、その効果を熟知する専門家が登場します。

中世以降、実際の栽培にあたりながら実学を身に付けた植物学者の始まりは修道僧たちでした。自分たちの食糧と、周辺地域の人々を飢饉や病から救う作物・薬草を栽培していた者が、経験を積んで薬剤師や医師という立場を作り上げていくことになります。市民の間でも香りのある植物を日常に用いることが広がり、人々の集まる場の消毒、浄化、衣類の防虫や染色、食品の保存、健康管理に用いることが慣習化していきます。

芳香植物が暮らしに根をおろして日常の医薬分野に用いられていく経緯は、日本における香りの文化が、主に特権階級の優雅な遊びを中心として継承されてきた点と大きく異なります。が、そうした違いを経て、現在は、植物に含まれる香りの効能が洋の東西を問わずに再認識され、その成分の有効性が注目を集めているのです。人々が芳香植物と接する中で残してきた体験的な効能の検証を現場に活かせれば、植栽から発せられる香りは、予防医学的に意味のある空間創造を実用へと導いてくれるはず、と考えています。

Ⅱ　芳香植物を用いたガーデンデザイン

これまでの歴史から、古来ヒトは植物の香りをさまざまな場面に活かしながら共に暮らしてきたことが理解できます。ここでは現在国内に見られるハーブガーデンの植栽を見直し、その計画の中にある植物とヒトが触れ合うための要素や、植物材料の選び方を検討します。また、来園者が求める施設と、管理運営する側が提供しようとするスタイルについて比較、検討してみます。とくに、ハーブを単なる素材としてではなく、芳香植物の成分に備わる作用に注目し、それを機能として有効に取り入れた植栽デザインが行われているか否かに注目してみようと思います。芳香作用は、ハーブを用いた植栽に新しい展開を与えるための留意点として重要ですし、それは医学的視点を取り入れて植栽手法を見直すことにも通じるものと考えます。

Ⅱ-1　日本のハーブガーデンの特徴

日本人の食生活の変化と健康への警鐘を背景にして、新しいフランス料理とともに紹介されてきた地中海沿岸地域原産の有用芳香植物を私たちはかつて「ハーブ」と名付けて一般化させてきました。

当初、ハーブは料理の風味料としての用途を中心に据えていたのですが、そこからハーブガーデンにつながっていくのにはこんな経緯がありました。

新しい需要と栽培家の増加→フレッシュハーブの需要の掘り起こしや啓蒙活動→ハーブの利活用や暮らしの知恵→商品開発→人間の歴史との文化的関わり・文学作品との接点→食生活見直し→実物を知ってもらう→ガーデン設計→五感体験の提供。このような多くの紹介と提案に関わり、日本で最初のハーブガーデン造りにも参加しました。

そうした動きの中でハーブは一般化し、食以外の楽しみや興味が徐々に広がりをもつことになるのです。乾燥香辛料を用いて既に行われていた調合（シーズニング、フィーヌゼルブ、ポプリ）、楽しみとしての栽培や品種コレクションなどの園芸的分野、染色、クラフトなどの趣味的な分野、香り自体やその成分に着目した健康や美容、家事への応用、などがそれに当たります。それらの楽しみを実際に見て触る具現化の場として1980年代半ばから約10年余りの間に日本中にハーブガーデンが作られました。本来はそうした広範な意図が背景にあったはずですが、設営目的の多くは「新しい植物の紹介」であり、レストランを併設した「食の提案」と土産物の展開が主なものでした。

ガーデンにおけるハーブの紹介は限られた品種の提示であることが多く、植栽エリアを区切って植物自体を見せる見本園的なスタイルが多くを占めていました。また、話題性に富む人気の品種を中心に構成する計画も目立っており、いわゆる公的庭園に求められ期待されるようなテーマ性や効果的演出への検討は不十分になりがちで、来園者からの要望に対する調査も曖昧であったように思います。

日本のハーブガーデンの主なスタイルを設営目的によって分類してみると、

1）ポピュラーな品種を中心にガーデンを構成する形式
2）多品種のハーブを紹介する形式
3）使用目的（料理、ティー、染色、美容、医薬等）に合わせて植栽する形式
4）生産現場の展示を目的とした形式
5）西洋文学にちなむハーブを植栽する形式

と考えることができます。

＜それぞれの形式の特徴と具体例＞

1）ポピュラーな品種を中心にガーデンを構成する形式

大規模面積の斜面に色彩景観をみせる場合が多く、ラベンダー（紫）やカモマイル（白）を中心に、マリーゴールド（黄 / 橙）、サルビア（赤 / 紫）、ミント、オレガノなどで構成。

ファームＴ（北海道）

景観への配慮から、オーナーのＴ氏は背面林地の土地確保を続けていた。

Ｂ町（北海道）

富良野の類似型として北海道には花色による帯模様の構成が増えている。

M社リゾート施設（三重県）

心身ケアのために、ハーブによる景観演出を試みる施設もある。

Tスキー場（群馬県）

スキー場の夏季集客のためにハーブを含めた花景観を演出する例が増えている。

2）多品種のハーブを紹介する形式

散策路によってエリアを分け園路整備等が充実している。大面積の特徴を活かして、多くはコーナーごとに使用法の異なるハーブを植栽し、単一のハーブで埋め尽くすエリアとモデルガーデンや見本園的な展示スペースの混在がみられる。飲食の施設を備え、フレッシュハーブを用いた料理やハーブにちなんだ名称のメニューが揃う。

Nハーブ園（兵庫県）

ホテルN（静岡県）

国営武蔵丘陵森林公園（埼玉県）

3）使用目的に合わせた植栽提案をする形式

「植物としてのハーブをどのように使いこなすか」に興味を持つオーナーが多く、品種の紹介と共に、料理、染色、クラフト、日常の健康管理に至るまで、暮らしの場面に合わせハーブの活用を実践し、自然と共に生きるライフスタイルを提案している。

花壇や野菜畑の病害虫予防や健全な生育のために、コンパニオンプランツ（共栄植物）としてハーブを混植し、減農薬に役立てている。

ハーブスペースB（福島県）

・ライフスタイルの提案
・見本園

ハーブアイランド（千葉県）

・ベジタブルガーデン併設
・観光園
・ホテル機能も備える

薬香草園（埼玉県）

・精油採取用のハーブガーデン
・見本園

4）生産の現場の展示を目的とした形式

ハーブガーデンを見せることより栽培を重視している。フレッシュハーブの生産を中心に行い、一部にガーデンの要素も含む。

ハーブ生産の農地活用は集約的に行われ、夏季来園者に対する人気品種の摘み取り体験目的のラベンダー、カモマイル、レモンバームなどの栽培地も見られる。レストランには新鮮なハーブメニューがある。

Nハーブガーデン（長野県）

・観光園
・生産

Hグリーンファーム（静岡県）

・観光園　・見本園　・生産

Iハーブ園（福島県）

・観光園　・摘み取り　・見本園

I町ハーブセンター（長野県）

・観光園　・摘み取り　・見本園

A村（埼玉県）

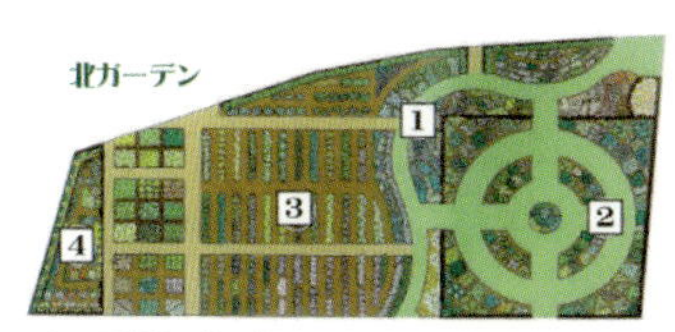

1. フラワーガーデン
2. フォーマルガーデン
3. 生産圃場
4. ローズガーデン
5. シェイクスピアガーデン
6. ノットガーデン
7. セージガーデン
8. キッチンガーデン
9. チェッカーボードガーデン
10. オーチャードガーデン
11. 芝生広場

・観光園
・生産現場としてのハーブガーデン
・見本園

5）西洋文学にちなむハーブを植栽する形式

シェイクスピア物語の作中に登場するハーブを中心に構成される。

M町ローズマリー公園（千葉県）

・観光園　・ローズマリー以外は1年生園芸種による彩り

K学院　シェイクスピア・ガーデン（兵庫県）

・作品に登場するハーブの展示

各ハーブガーデンの受け入れ可能な広さとも関連しますが、施設を５タイプに分類してその人気度を判断してみると、多くの支持を集める主流は「大面積の色彩の帯を見ること」のようです。それらは「ポピュラーな品種を中心に構成する形式」に代表され、よく知られているラベンダー、カモマイル、ローズマリーなどのハーブを軸に、季節の彩りを添える一年草と共に構成される場合がほとんどです。

その人気は、四季の便りを知らせる報道のあり方「一面の○○が見頃です」と符合しており、明解ゆえに多くの人々の心をつかむメッセージになっています。こうした情報で取り上げられるわかりやすい花景観に地域差は生じにくく、常に植物も色彩も類似しがちです。結果、私達はシンプルな景観に慣らされてしまい、それらに「感動すること」を無意識に学習するように導かれているように思えます。

このスタイルばかりが増え続けることに疑問を感じています。こうした状態が植物本来の個性や文化的・歴史的背景に興味を抱くことを遠ざけてしまいがちだからです。それはまた、繊細で多様な品種構成の空間に対して、時間をかけて観賞する姿勢、発見する喜び、さらには感性を育むそれらの機会を失わせてはいまいかと。残念ながら、社会状況と相まって、今や、景観とじっくり向き合うことや知ること、体感することが日本人には馴染みにくい傾向にあるのかもしれません。視覚的な「わかりやすさ」からは、そろそろ抜け出しましょう。ハーブたちの香りの個性と繊細な草姿を活かしたガーデンデザインに芳香機能を加えると、鑑賞の視点も変わり、新たな興味の喚起と方向転換が見えてくるはずなのですから。

Ⅱ-2　ハーブガーデンの魅力とは

日本で初めて造られたハーブガーデンはたまたま私が設計したものでしたが、目的と機能を明確にしてヒトと植物のつながりの中から知恵を拾い出し、「温故知新」をキーワードにしたものでした。そこでは栽培家たちの知識や技術が確かでした。

その後各地に設営が始まると、運営やサービスを提供する側に栽培条件や体験的理解の不十分な様子が目に付くようになりました。身近な植物が果たしてきた文化的・歴史的背景の理解の上に、日々の暮らしの各場面の活用法を重ねることが経営側には必要だったはずです。当時日本人の生活には未だ根付いていなかったものを、面白そうという理由で安易に扱ってしまった結果でした。

そもそも「ハーブ」と呼んでいる植物の多くは、原産地ではその辺に生えている草たちであり、華やかさに欠ける素朴な植物です。人の手が入っていないことが長所であるそれらを中心に据えて、日本人の好む明解な観賞レベルに引き上げるのは容易なはずはありません。人間と植物の過去のいくつかのかかわりについてはすでに述べましたが、何らかの形で生活に役立つ有用植物だからこそ国を超えて現在まで引き継がれてきたのです。魅力再生のためには、その有用性を軸にガーデンスタイルを検討する必要があると思います。

古来人々が神々との交信や身を守る医薬品、あるいは個性を表現する手段として香りそのものを活用してきたことをふりかえれば先人の知恵に焦点を当てた価値こそが来園者に伝えるべき「香りの機能」の本来の価値といえそうです。

多面的な社会に身を置く私達にとって、自らの心身の健康を気遣うことが当たり前になっている今日、効能作用に富んだ「植物材料としてのハーブをどのように多面的に使いこなすか」を再考すべき時期といえます[85,90)]。だとすれば、公共性の高いガーデンこそ、精神的なストレスに対して、香りの機能を活かした植栽計画を視野に入れ、公が市民サービスとして提供する新しいデザインに取り組む時期ではないかと考えます。

この四半世紀の間に自然への理解が深まり、地中海周辺諸国（イタリア・フランス・スペイン）の料理が一般化し、生産現場を備えたハーブ園は消費需要に対応しながら現在に至っています。

ハーブガーデンでは花景観を軸にした観光型企画の場合は観賞期間が限られるために良好な経営成果を上げにくいかもしれません。設営初期と数年後の集客数の開きに問題を抱えるガーデンも少なくないようですが、それらの原因を探ると以下のような解決すべき課題が見えてきます。

経済性	技術・生産性	文化性
・経済効率優先の見直し ・省力化の点検	・栽培技術の向上 ・気候風土に対する認識	・魅力的な空間構成 ・多面的な情報提供 ・本物志向の追求 ・植物に対する興味と理解 ・ガーデンの差別化

Ⅱ-3　香りの効能をデザインに活かす条件

現状のハーブガーデンは少なからず複合的な課題を抱えており、速やかに解決に結びつくとはいい難いようです。が、芳香の特徴と機能を予防医学的視点に置き換えて植栽デザインを組み換えるとすれば、利用者は新しい機能を体感享受できるのです。健康志向、美の追求、予防医学への、興味と実践の時代だからこそ、です。

その場合、来園者は芳香を放つ全草、特にその葉に、何らかの方法で触れる必要があります。多くのハーブガーデンでは香りを確かめることを中心に植栽されておらず、心身に与える相乗的効果の積極的活用をデザインに組み込んでいません。現況のハーブガーデンで香りの機能を有効活用するには在来の植栽スタイルの見直しが必要になります。

人間が植物に触れるためには、自ら手を伸ばす、足元が触れる、膝から下が触れるなど、身体の部位の高さと動きに留意した上で生育形や形状寸法を見直した植え方を工夫する必要があります。地盤の立体的な構造も検討の余地があります。多くのハーブは華やかとはいえません。が、素朴な草姿こそプラスαの効果をもたらすはずです。「見る」から「観る」へ。次は「気付き」から「発見する」へ。ストレス緩和には穏やかで静かな時間が必要です。

一般に、葉が芳香成分を最も多く含む時期と開花期には相関性があり、精油が漂う最盛期を知る機会の目安になります。色彩による心理作用も大切ですから開花期は勿論のこと、花と葉の芳しい期間の調査や、互いの葉が擦れ合うための風向きや草丈、葉形等を検討してからの計画ということになります。

それらの要素をもとにガーデン施設や配植計画が決められれば、園内を散策する人たちは等しく香りのブレンドを全身にまとうことが可能になります。

ご存知のように私達は呼吸によって精油成分を取り入れることができ、浄化された空間に身を置くことで、体調や体質の改善を期待できるのです。緑化そのものに対しては様々な機能が測定され、すでに多くは私達の知るところですが、芳香植物の植栽による機能を多くの市民は知りません。予防医学的機能を付加することが不可能ではないのです。

公共性の高いガーデンにこうした試みが現実化すれば、芳香成分による生理的な活性あるいは鎮静等の作用による症状改善に一定の効能を期待できますし、QOL（生活の質）の向上につながります。

目的の作用を備えた化学成分を含み、風によって互いの葉が触れやすいように高さとテクスチャーに留意した品種を選定し、効果的な配置計画を行えばよいのです。こうした手順に従えば新しい機能のコンセプトガーデンが生まれます。個々のガーデンの魅力を引き出すための全面的な解決にはならないとしても、いくつかの課題に一石を投じ、ファン獲得やリピーターの心をとらえる役に立つことを願います。

まとめ　II

市民生活の中で、ハーブ、あるいはハーブガーデンに対する認識は 30 年余りを経て変化してきました。また、公共緑地には、わざわざ「ハーブガーデン」と言わないまでも芳香植物が多く使われるようになりました。が、その使い方は香りの機能が必ずしも反映されているわけではなく[73]公共性の高い広大な面積を使用していながら視覚的な色帯素材としての演出、あるいは、摘み取り等で触れ合うことを目的にハーブを植えているだけの所がほとんどです。観光園、品種コレクションとしての見本園は多く見受けられますが、いずれも、積極的に芳香効果をデザインに提案しているとは言い難いのです。好感度の高いことで知られるハーブガーデンでさえ、香りは吹く風まかせで、芳香の機能を活かしたデザインの取り組みは途上といえます。

一方、芳香療法（アロマテラピー）の分野では、2004 年に嗅覚研究の第一人者である R. アクセル博士と L. バック博士がノーベル生理学賞、医学賞を受賞し、それをきっかけに心身両面から作用する香りの研究が分子生物学の分野でも先導的な立場を担い始めました[74]。嗅覚の心身に及ぼす影響の研究を下敷きに、公共空間の緑に対して、より積極的に芳香植物を活用する手段が検討される時期がやってきたといえます。

そんな中で市民意識の中に育ったナチュラル志向と健康関連分野への憧れには目を見張るものがあります。この時代に、精油の多様な効能を活かした芳香植物による緑化空間の機能は、ADL（日常生活動作）や QOL の向上、疾病予防等の効果などの点で健康増進効果が認められるはずですし、健康科学（health science）の分野からも多いに期待されるはずです[80.82]。

もともと、「新来の香草」を個人のライフスタイルに合わせて、あるいは、個々人の身の丈の趣味に合わせて使いこなせるように、料理、趣味、西欧文学、文化、医薬、栽培の楽しみ等の資料をまとめ、情報提供や企画にかかわりました。が、時を経て、広く市民が享受する公共の緑にこそ新しい視点が必要であると考えるようになりました。そうした計画に結びつけられるような意味のある資料を提供したいと考えています。

Ⅲ　日本で活用可能な芳香植物の特性分析とガーデンデザインに利用するための選定基準

植物を健康的に育てようとするならば肥料や水やりの工夫より先にその先祖の育った場所を特定して原産地の気候風土や土壌条件に学ぶことが一番です。ハーブについては、一般に地中海沿岸地域の原産であるといわれていますが、元気に育てたいならば気温と降水量に注目してください。

ここでは、本来の生育環境を知って栽培条件の参考にするために、『農作物の起原の研究（ニコライ・イヴァノヴィッチ・ヴァヴィロフ：露）』から、遺伝的多様性の高い地域を発祥地とする考え方を拾いだし[5)]、気温と降水量を基準に植生分布をまとめたケッペンの気候区分と共に重ね合わせてみます。その上で、適正な栽培地の特徴を確認し、日本の風土で栽培可能な芳香植物の特定、選定を試みます。

Ⅲ-1　日本で栽培可能な芳香植物の選定の条件

上述のN.I. ヴァヴィロフらの研究から、ほぼ古代文明の発祥地と重なる８ヵ所の地域が農作物の起原中心地として特定されていますが、ハーブについても原産地から推測される生育適地は以下の地域に大別されます。

Ⅰ　ヨーロッパ
Ⅱ　地中海沿岸
Ⅲ　アフリカ
Ⅳ　中央アジア
Ⅴ　インド・東南アジア
Ⅵ　中国・日本
Ⅶ　北アメリカ
Ⅷ　南アメリカ

Ⅰ　ヨーロッパ地域で親しんでいる品種にはシソ科やキク科が多い。

シソ科：ペパーミント、ペニーロイヤル、コモンセージ、ヒソップ、オレガノ

キク科：ジャーマンカモマイル、ローマンカモマイル、タンジー、ワームウッドなど

ユリ科：オニオン、チャイブ　など

Ⅱ　地中海沿岸地域は、地中海を囲む地域からアフリカ北部、小アジア地域を含み、いわゆるハーブの原産地としては一般にこの地域をさす。料理に用いられるハーブ類のほとんどはこの地域に起原をもつ。

シソ科：ラベンダー、ローズマリー、タイム、スイートマジョラム、レモンバーム

セリ科：パセリ、ディル、フェンネル　など

Ⅲ　アフリカ地域はここでは取り上げないが、

キク科：チコリ

マメ科：タマリンド　の原産地とされる。

Ⅳ　中央アジア地域は我々の生活に馴染み深く、

ユリ科：ガーリック

セリ科：チャービル

アマ科：フラックス　などの生育に適する。

Ⅴ　インド地域は熱帯に属する気候帯であり日本での栽培は難しい。

ショウガ科：カルダモン、ジンジャー、ターメリック

コショウ科：ペッパー

クスノキ科：シナモン　などの発祥地とされる。

Ⅵ　日本を含む中国地域には、私達が日常に用いるいわゆる和製ハーブが多い。

ミカン科：サンショウ

アブラナ科：ワサビ

ドクダミ科：ドクダミ

スイレン科：ハス　などがある。

Ⅶ　北アメリカから西インド諸島にかけての地域は、

シソ科：ベルガモット、アニスヒソップ

キク科：エキナセア

フトモモ科：オールスパイス　などの起原地とされる。

Ⅷ　南アメリカ地域に発祥分布が考えられるのは、
　ノウゼンハレン科：ナスタチウム　花も葉もマスタードに似て美味。
　フトモモ科：クローブ
　ニクズク科：ナツメグ
　などは現在も肉料理によく使われる。

　ハーブやスパイスとよばれる多くの種類は、起原を異にしながらも数千年にわたって栽培され、私たちは恩恵を受けてきましたが、地域に特有の土壌条件・気候条件を整えることによって発祥地と異なる環境であっても、ある程度の対応性を持たせることができます。もともと野生であり人間の歴史と共に受け継がれてきた植物であることが柔軟な生育力を証明しているともいえます。フランス、イタリア、ギリシャなどを旅した時に目にする大理石の白い建物群を思い出しさえすればハーブの好むアルカリ性土壌と石灰が結びつくでしょう。

　ハーブ栽培に適した一般的な条件は以下のとおりです。

好適な土壌条件　良好な生育環境を保つには弱アルカリ性に調整[4.57.63)]。
・排水性の高い軽い土壌を好む：マジョラム、ヒソップ、タイム、レモンバーム、レモンバーベナ、ローズマリー、タラゴン　など
・やや湿った土地柄を好む：ベルガモット、ミント類

好適な気候条件　栽培にあたっては気温と降水量への注意が必要[4.57.63)]。
＜気温＞
　ハーブの原産地は、冷涼な地域、温暖な地域、熱帯地域の３つに分けられる。日本において栽培可能な芳香植物を選ぶ場合、複雑な地形と地理的条件を配慮しなければならず、植物の耐寒性、半耐寒性、非耐寒性を見極めて分類する必要がある。文末の表記（zone No.）は最低気温に基づく日本クライメートゾーンナンバーを示している。
・耐寒性ハーブは5℃で生育を始め生育適温は10℃～20℃。zone No.5～6
・半耐寒性のものは10℃で生育を始め生育適温は15℃～25℃。zone No.7～8

・非耐寒性の熱帯原産の植物の内ここで該当するものはスィートバジルとレモングラスの２種類のみ。

15℃で生育を始め、生育適温は20℃～35℃とされる。zone No.9～11

＜降水量＞

一般にヨーロッパ地域、地中海沿岸地域の原産であるため、それら地域の降水特性に注目する必要がある。

高温期の多雨、梅雨、秋雨時期の高湿度はハーブ類に最も負荷をかけやすく、蒸れや根腐れ原因となるため、広い栽培地では土木的な改良を含めた土壌の整備が求められる。ちなみに、地中海沿岸地域を原産とするハーブ類は、平均気温が18℃を超える月の平均降水量が100㎜以上になると蒸れやすい傾向があり、注意と対策が必要になる。世界各地には特徴の異なる気候区分が存在しているが、ここでは、高等植物の植生と気候を結びつけたケッペンの気候区分に照らしてハーブ栽培の適正を確かめることにする。

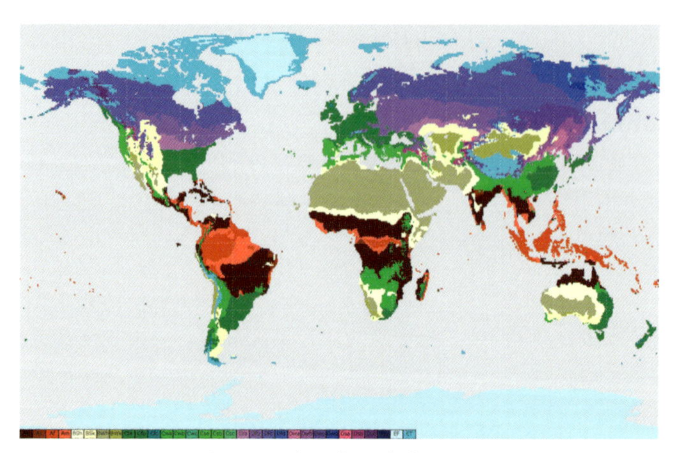

図Ⅲ-1　ケッペンの気候区分

前頁の図は、気候学者ケッペン（1846～1940　Wladimir Peter Köppen：独）が 1923 年に発表しその後改良されたもので、現在最も広く使われている気候区分図（Köppen- Geiger-Klassifikation）です。気象観測から得られたデータをもとに、各月の気温と降水量に注目して植生分布の視点からまとめられています。植生のみに注目した区分のため私達の生活感覚には馴染まない部分もありますが、明確かつ簡便な分類が特徴です。栽培に相応しい環境基準を確認するには便利な資料といえます。

中緯度地方に分布する温暖で比較的降水量の多い温帯気候地域をケッペンは（C）で表現しています。最寒月の平均気温が 18℃未満、-3℃以上の気候地域です。

降水量の特色と最暖月の平均気温の違いから、それをさらに降水量と最暖月の気温によって次の 4 つの記号で区分しています。

f：年中多雨

s：冬雨・夏乾燥、最多雨月降水量が最乾月降水量の3倍以上

a：最暖月22℃以上

b：最暖月22℃未満、但し4カ月以上は10℃以上

これを、N.I. ヴァヴィロフの『農作物の起原』で 8 つに大別された地域と重ねてみると、取り上げた主なハーブに関する地域は、Ⅰ、Ⅱ、Ⅵに該当します。それをケッペンの気候区分と合わせ、各代表都市をⅠ：ロンドン、Ⅱ：マルセイユ、Ⅵ：東京として、気温（℃）を折れ線グラフ、降水量（mm）を棒グラフで表現すると次頁のような違いがみられます。

Ⅰ　ヨーロッパ（Cfb）:西海洋性気候型

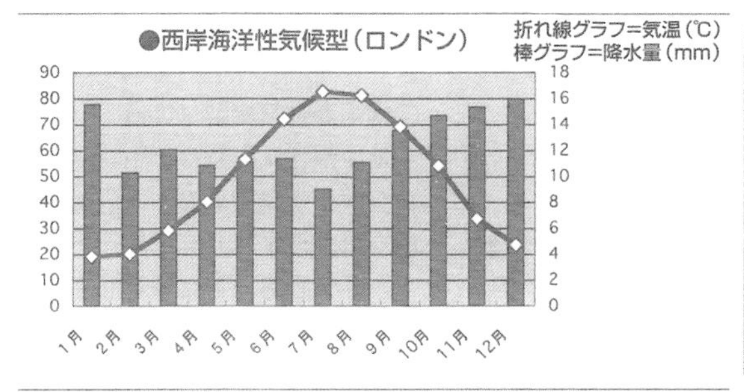

西岸海洋性気候型（ロンドン）

	気温（℃）	降雨量（mm）
1月	3.8	77.7
2月	4	51.2
3月	5.8	60.1
4月	8	54.1
5月	11.3	55.4
6月	14.4	56.8
7月	16.5	45
8月	16.2	55.3
9月	13.8	67.5
10月	10.8	73.3
11月	6.7	76.6
12月	4.7	79.6
	年間平均気温	年間総降雨量
	9.7℃	752.6mm

Ⅱ　地中海沿岸（Cs ）:地中海性気候型

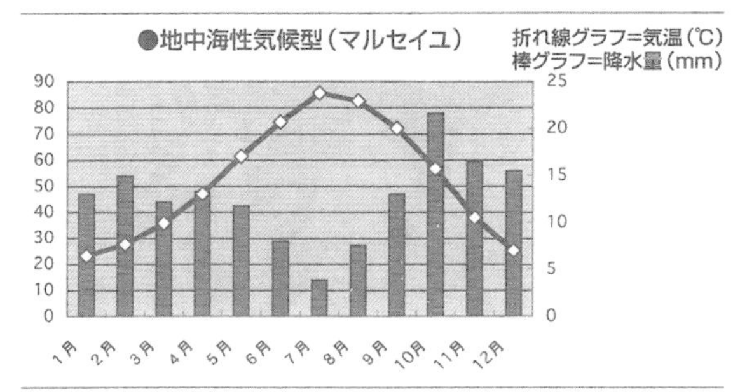

地中海性気候型（南仏・マルセイユ）

	気温（℃）	降雨量（mm）
1月	6.4	46.9
2月	7.6	53.8
3月	9.9	43.8
4月	13	47.8
5月	17	42.3
6月	20.7	28.8
7月	23.7	13.8
8月	22.9	27.2
9月	20	46.8
10月	15.7	77.7
11月	10.5	59.3
12月	7	55.7
	年間平均気温	年間総降雨量
	14.5℃	543.9mm

Ⅵ　中国・日本（Cfa）:大陸東岸気候型

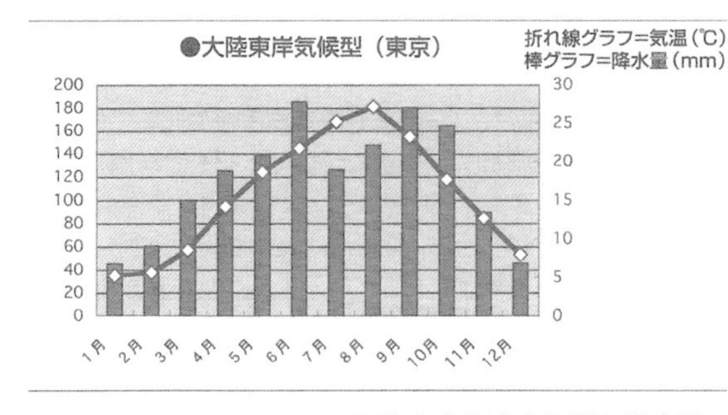

大陸東岸気候型（東京）

	気温（℃）	降雨量（mm）
1月	5.2	45.1
2月	5.6	60.4
3月	8.5	99.5
4月	14.1	125
5月	18.6	138
6月	21.7	185.2
7月	25.2	126.1
8月	27.1	147.5
9月	23.2	179.8
10月	17.6	164.1
11月	12.6	89.1
12月	7.9	45.7
	年間平均気温	年間総降雨量
	15.6℃	1,405.3mm

図3-2 各都市の気温と降水量

理科年表H17-20年版 丸善 国立天文台編 気象年鑑
を参考に気候型を作成。

Ⅲ-2　グループ化の考え方

土壌条件・気候条件をふまえて日本各地で栽培可能な、かつ個性的で活用範囲の広い芳香植物選定のために、以下のような基準を設けてみました。

・現在すでに日本の各地で栽培実績がある。

・料理に用いられる機会が多く、その風味（芳香）に日本人が慣れている。

・物語や神話を通して植物名に親しみを感じている。

・身体への有効性が高いと判断される、シソ科、キク科の植物群。

（この科には心身のバランスをとるために必要なテルペン類の成分モノテルペン、セスキテルペンなどを含むものが多い。）

これらの条件を満たし、ハーブガーデンに新たな魅力と機能を与えるに足る植物を選んで4グループに分けたものは以下のとおりです。

（分類の基準は項目毎に示す／各グループは50音順に表記）

グループ1：シソ科の芳香植物（No.1～No.18）
グループ2：キク科の芳香植物（No.19～No.28）
グループ3：その他の科に属する個性的な芳香を持つ植物（No.29～No.44）
グループ4：微香だが葉や花の色彩とテクスチャーに特徴があり、他のハーブと共に配植すると個性が際立つ植物（No.45～No.65）

グループ1：シソ科の芳香植物（学名、和名）

シソ科は精油を産する植物のなかで最も大きな「科」です[32)]。

シソ科の植物の多くは風味づけに限らず、数1000年にわたってヒトが食物の保存や健康を目的に使用してきた歴史があります。長期にわたってヒトに使われる中で精油も同時に摂取され続けてきた事実は、基本的な安全性の証明とも考えられます。

葉に特殊な腺性毛状体を持つものが多く見られ、そこに貯蔵される揮発性油（精油）によって強い芳香を示すのですが、シソ科の場合、刺激の強い精油のほとんどは芳香で、それらの成分は、全身にエネルギーを与え、抗菌作用、抗痙攣作用、発汗作用などが総合的に認められるものの多いことが特徴的です。

No.1　ウィンターセーボリー（*Satureja montana*　キダチハッカ）
No.2　オレガノ（*Origanum vulgare*　ハナハッカ）
No.3　キャットニップ（*Nepeta cataria*　イヌハッカ）
No.4　スィートバジル（*Ocimum basilicum*　バジル、メボウキ）
No.5　セージ；コモンセージ（*Salvia officinalis*　ヤクヨウサルビア）
No.6　セージ；クラリセージ（*Salvia sclarea*　オニサルビア）
No.7　セージ；ホワイトセージ（*Salvia apiana*　サルビアアピアナ）
No.8　タイム（*Thymus vulgaris*　ジャコウソウ）
No.9　ヒソップ（*Hyssopus officinalis*　ヤナギハッカ）
No.10　マージョラムスイート（*Origanum majorana*　マヨラナ）
No.11　ミント；スペアミント（*Mentha spicata*）
No.12　ミント；ペパーミント（*Mentha piperita*　西洋ハッカ）
No.13　ミント；ペニーロイヤル（*Mentha pulegium*）
No.14　モナルダ（ベルガモット）（*Monarda didyma*　タイマツバナ）
No.15　ラベンダー（*Lavandula angustifolia*　イングリッシュラベンダー）
No.16　ラバンディン（*Lavandula × Intermedia*　ラバンジンラベンダー）
No.17　レモンバーム（*Melissa officinalis*　西洋ヤマハッカ）
No.18　ローズマリー（*Rosmarinus officinalis*　マンネンロウ）

グループ2：キク科の芳香植物（学名、和名）

キク科植物の精油はシソ科と異なり、葉以外に頭状花から得られるものも多いのです[32)]。この科の精油の主な性質は皮膚と消化管に対する抗炎症作用と抗菌作用で、赤ちゃんから高齢者に至るまで、肌トラブルに活用されてきたハーブ類がよく知られています。ただし「誰にでも」だからといって100％でないのは言うまでもありません。

ここでは葉や花に含まれる精油の緑地空間における吸入効果を扱いますので、芳香療法の分野で検討されているような精油の毒性についての危険性はほとんどありません。アロマテラピーで行われるオイルトリートメント等による施術のように、精油を皮膚に直接作用させる場合と植栽による場合とでは空間的環境を含めて影響は全く異なります。

No.19　ジャーマンカモマイル（*Matricaria recutita*　カミツレ）
No.20　ローマンカモマイル（*Anthemis nobilis*　ローマカミツレ）
No.21　カレープラント（*Helichrysum italicum subsp*　ヘリクサム）
No.22　サントリーナ（*Santolina chamaecyparissus*　ワタスギギク）
No.23　タンジー（*Tanacetum vulgare*　エゾヨモギギク）
No.24　ポットマリーゴールド（*Calendula officinalis*　キンセンカ）
No.25　ヤロー；ヤロー（*Achillea millefolium*　西洋ノコギリソウ）
No.26　ヤロー；ムーンウォーカー（*Achillea ageratum'moonwalker'*）
No.27　タラゴン；ロシアンタラゴン（*Artemisia dracunculoides*）
No.28　ワームウッド（*Artemisia absinthium*　ニガヨモギ）

グループ3：その他の科に属する芳香植物（学名、和名、科）

香りに特徴があり各々の芳香成分に多くの効能作用が認められています。

No.29　ジャスミン（*Jasminum officinale f. grandiflorum*　オオバナソケイ、モクセイ科）
No.30　ゼラニウム；ローズG（*Pelargonium graveolens*　テンジクアオイ、フウロソウ科）
No.31　ゼラニウム；プリンスルーパート・G（*P.crispum cv.*　フウロソウ科）
No.32　ゼラニウム；アップルG（*P.odoratissimum*　フウロソウ科）
No.33　ゼラニウム；オレンジG（*P.×citrosum cv.*　フウロソウ科）
No.34　ゼラニウム；パインG（*P.denticulatum cv.*　フウロソウ科）
No.35　ゼラニウム；ペパーミントG（*P.tomentosum*　フウロソウ科）
No.36　ディル（*Anethum graveolens*　イノンド、セリ科）
No.37　パセリ（*Petroselinum crispum*　オランダゼリ、セリ科）
No.38　バレリアン（*Valeriana officinalis*　西洋カノコソウ、オミナエシ科）
No.39　マートル（*Myrtus communis*　ギンバイカ／イワイノキ、フトモモ科）
No.40　ルー（*Ruta graveolens*　ヘンルーダ、ミカン科）
No.41　レモングラス（*Cymbopogon citratus*　コウスイガヤ、レモンガヤ、イネ科）
No.42　レモンバーベナ（*Aloysia triphylla*　コウスイボク、クマツヅラ科）

No.43　ローズ（*Rosa canina*　ドッグローズ、西洋ノイバラ、バラ科）
No.44　ローレル（*Laurus nobilis*　ゲッケイジュ、ベイ、クスノキ科）

グループ4：共に用いると互いの個性が際立つ植物（学名、和名、科）

微香ですが葉や花の色彩とテクスチャーに特徴があり、他のハーブと共に配植するとガーデンデザインに効果的なアクセントを与えることができます。

No.45　アガパンサス（*Agapanthus africanus*　ムラサキクンシラン、ユリ科）
No.46　アカンサス（*Acanthus mollis*　ハアザミ、キツネノマゴ科）
No.47　ガザニア（*Gazania rigens*　クンショウギク、キク科）
No.48　ギボウシ（*Hosta sieboldiana*　ギボウシ、ユリ科）
No.49　サフラン（*Crocus sativus*　サフラン、アヤメ科）
No.50　サルビアレウカンサ（*Salvia leucantha*　メキシカンブッシュセージ、アメジストセージ、シソ科）
No.51　ジギタリス（*Digitalis purpurea*　キツネノテブクロ、ゴマノハグサ科）
No.52　シロタエギク（*Senecio cineraria*　（英）ダスティミラー、キク科）
No.53　ソープワート（*Saponaria officinalis*　サボンソウ、ナデシコ科）
No.54　ダイアンサス（*Dianthus caryophyllus*　クローブピンク、ジャコウナデシコ、オランダセキチク、ナデシコ科）
No.55　タマスダレ（*Zephyranthus candida*　タマスダレ、ヒガンバナ科）
No.56　チャイブ（*Allium schoenoprasum*　エゾネギ、ユリ科）
No.57　ナスタチウム（*Tropaeolum majus*　キンレンカ、ノウゼンハレン科）
No.58　ハニーサックル（*Lonicera caprifolium*　スイカズラ、ニンドウ、スイカズラ科）
No.59　ハマナシ（ハマナス）（*Rosa rugosa rubra*　ハマナシ、バラ科）
No.60　ヒマラヤユキノシタ（*Bergenia stracheyi*　ヒマラヤユキノシタ、ユキノシタ科）
No.61　マロウ（*Malva sylvestris*　ウスベニアオイ、アオイ科）
No.62　ラミウム（*Lamium maculatum*　オドリコソウ、シソ科）
No.63　ラムズイヤー（*Stachys byzantina*　ワタチョロギ、シソ科）

No.64　レディスマントル（*Alchemilla vulgaris*　ハゴロモグサ、バラ科）
No.65　ロケット（*Eruca vesicaria subsp. sativa*　キバナスズシロ、ルッコラ、アブラナ科）

50音順に植物に付した共通の番号（No.）に対応させた分類は、全ての図表において同じ数字が同じ植物を示します。

ハーブガーデンは一般に個体の特性をいかして固有の香りや花の色彩を楽しむ設計が多く、品種のコレクションを充実させることへの力点が大きかったのです。そのなかにあって、北海道富良野市のラベンダー園のように40年程を経過しても人気の衰えを知らないガーデンもあり、それについては、ラベンダーが単に馴染みのハーブだというだけでは説明しきれない特別な要素が考えられます[72)]。その秘密は空間と色彩にありそうです。

視界に余計なモノが入ってこないようにオーナーは林地や周囲の土地を購入し続けていました。濃い緑と青い空に囲まれているからこそラベンダー色は清しく美しいのです。そして、そのラベンダー色には歴史的な文化の彩りが隠されてもいるのです。

そのラベンダー色は、日本では紫に関連する藤色に相当し、江戸の初めごろから愛好された色彩です。平安時代に定められた衣冠の色の中でも紫は常に最高位に置かれて「藤」の色名は重色に数えられていました。

英語のPurpleにも貴族階級の意味があり、深紫色は華やかで高貴と権威にむすびつきます。対して明るく淡い紫色のラベンダー色は、優美でロマンティックな印象と結びついています。やはり王侯貴族とのかかわりがその色名に表れており、プリンセス、バレリーナ、メヌエット等の色名称が残ることからも、多くの人が淡い紫色自体に優雅な雰囲気を感じとっていたのだろうと思われます。

ところで、ラベンダーの葉の色は一般に灰緑色とされていますが、和名でいう青磁色に近く、淡い青みを帯びた緑色は秘色（ひそく）とも呼ばれるほど神秘的な美しさを持っています。ラベンダーのなかでも特にイングリッシュラベンダー*L.angustifolia*は、花と葉に備わる高貴で神秘的な色調の組み合わせが香りのイメージと重なり、広く人々にこの植物を印象付ける理由になったと考えられます。

『新来の香草たち』(朝日新聞社) とほぼ同時に紹介された『芳香療法 (アロマテラピー)』(フレグランスジャーナル社) から 30 年を経た今、リラックスやリフレッシュのための日常の簡易なヘルスケアとして精油の利用は一般化してきたといえます。精油に関わる詳細なデータが化学、心理学、生理学の専門家たちによってまとめられており、含まれる化学成分の効能作用がますます注目を集めています。

芳香成分の効果は精油自体の服用によらずとも、吸入、塗布によって体内に取り込まれて機能することは周知の通りです[32,89]。強力な精油の作用が粘膜を傷つけないように日本では一般に服用を勧めません。かつてフランスでは誤った服用から死亡事故がおきました。芳香を蓄える葉や花弁に触れることや、葉の貼付などによっても成分が経皮吸収されることが知られていますが、安全性の高い成分の取り入れ方としては、空中に気化した精油成分を呼吸による体内への取り込みがすすめられます。

現代人が抱えるいくつかの体調不良に焦点を当てながら効能が期待される植物を探してみると「グループ化の考え方」の中から、とくにシソ科とキク科の植物は注目に値すると気付きます。日本在来の種に限った場合でさえ、古くから食文化とかかわり、漢方や中医薬にも用いられてきたものが多く、多面的な効能を備えた植物たちの豊富さに驚きます。

Ⅲ-3　日本で栽培可能な主な芳香植物の生育特性

選定した4グループ65種類の植物について、生育特性に関する表記、生活型、気象条件（クライメートゾーン、日照条件）、土壌条件、草丈・樹高、広がり、芳香部位、を示すとともに生育環境についての適性を示しました（表Ⅲ-1～表Ⅲ-4）。

それぞれのハーブが何らかの方法で来園者に接触し、香りを提供するような空間作りのために、植物選びの条件として従来は取り上げられることの少なかった、草丈、葉張り、生育に伴う広がり、芳香部位、葉色や花期等を取りまとめた項目が参考になれば幸いです。生育形を示す用語は園芸植物大事典によります。

図表作成にあたっては以下のような基準に従ってとりまとめました。

生育特性に関する表記

<**生活型**>多：多年草　／　1：一年草　／　2：二年草　／　つる：つる性植物
　　　　　小低：小低木（50㎝以下）／　低：低木

<**クライメートゾーン**>気象条件の植栽適温帯については、日本クライメートゾーン地図を利用した。ゾーンナンバーについては以下の図を参考に表記した。

日本は、ほぼ5～10に相当する。

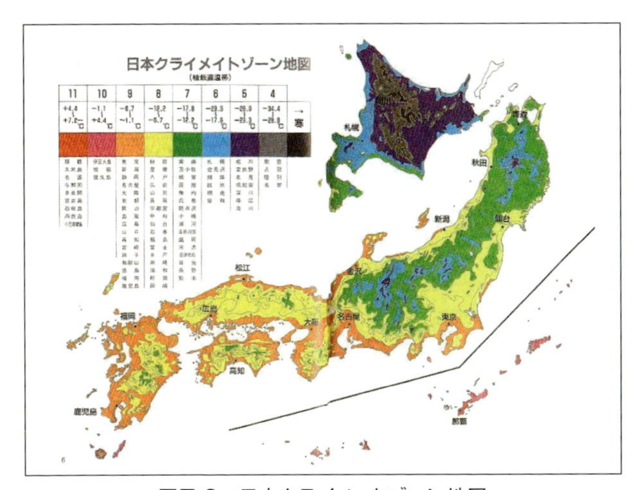

図Ⅲ-3　日本クライメートゾーン地図

＜**土壌条件**＞一般的にやや乾燥を好むものが多い。

乾：とくに乾燥を好むもの／湿：やや保湿性を好むもの

＜**草丈・樹高**＞高さ別に GC、SS、S、M、L、LL に 6 ランクに分けて表記。

GG:グランドカバー	地表面を這って広がる高さ20cm未満の植物
SS：～25cm	人が歩くときに足首以下に触れるもの
S：25～40cm	膝を中心に触れるもの
M：40～70cm	腰・もも、あるいは歩きながら体側に下ろした手のひらや指先で触れられるもの
L：70～120cm	葉に手を直接触れて香りを確かめられ、花や葉に顔を寄せて形と香りを楽しめるもの
LL：120cm～	つる性を含む木本及び木質化するもの

＜**生育形**＞以下のように表記。

立性　　：幹が立ち上がる。

半匍匐性：幹が 30cm～40cm程度立ち上がったのち、下垂し、広がり、伸長する。

匍匐性　：幹がわずかに立ち上がったのち、接触面に沿って広がる。

現在ハーブと呼ばれている芳香性植物には木本化する類もありますが、葉の多くは硬質でなく多様な形態に生育します。縁取りや高低差、葉張りに変化を持たせた植栽の工夫次第で通行者のどこか体側部に葉は接触します。風で互いの葉がより多く擦れ合うための構成を考えたり、香りの組み合わせを予測したり、また、その機会をふやす方法を考えるためにも個々の生育特性が役立つはずです。

Ⅲ-1 で選定した 4 グループの植物の生育特性について、生活型、気象条件（クライメートゾーン、日照条件）、土壌条件、草丈・樹高、広がり、芳香部位、を表記し、生育環境についての適性を表Ⅲ-1～表Ⅲ-4 に示しました。

表Ⅲ-1　グループ1　シソ科の植物　18種類

表Ⅲ-2　グループ2　キク科の植物　10種類

表Ⅲ-3　グループ3　その他の科に属する芳香植物　16種類

表Ⅲ-4　グループ4　共に用いると互いの個性が際立つハーブを含む21種類

槙島みどり／香りを空間にデザインする　3

表Ⅲ-1　日本で栽培可能な主な芳香植物の生育特性

	グループ1:シソ科の芳香植物										
	植物名	生活型	クライメートゾーン	日照条件	土壌条件	草丈・樹高(cm)		葉の広がり(cm)	芳香部位	常緑	備考
No.1	ウィンターセーボリー *Satureja montana*	小低	5-8	○	-	30〜40	S	45	葉	EG	木質化
No.2	オレガノ *Origanum vulgare*	多	7-9	○	乾	30〜50	S/M	40	葉	半	肥沃を好む・木質化
No.3	キャットニップ *Nepeta cataria*	多	5-9	○	-	40〜70	M	30	葉		開花期は花穂が伸長
No.4	スイートバジル *Ocimum basilicum*	1	8-11	○	-	30〜60	S/M	40	葉		肥沃を好む
No.5	セージ;コモンセージ *Salvia officinalis*	小低	6-9	○-△	-	30〜70	M	30〜50	葉	EG	開花期は花穂が伸長
No.6	セージ;クラリセージ *Salvia sclarea*	小低	6-9	△	乾	40〜70	M	40	葉	EG	開花期は花穂が伸長
No.7	セージ;ホワイトセージ *Salvia apiana*	低	6-9	○-△	-	100〜250	L	50〜80	葉	EG	
No.8	タイム;コモンタイム *Thymus vulgaris*	小低	7-9	○	乾	10〜30	GC/SS	40	葉	EG	立性・匍匐性(GC) 高温多湿を嫌う
No.9	ヒソップ(ヤナギハッカ) *Hyssopus officinalis*	多/低	7-9	○	乾	50〜70	M/L	30	葉	半	
No.10	マージョラムスイート *Origanum majorana*	多	7-9	○	乾	20〜50	S	20	葉		木質化 高温多湿を嫌う
No.11	ミント;スペアミント *Mentha spicata*	多	5-9	○-△	湿	30〜50	S/M	30〜40	葉	半	生育旺盛
No.12	ミント;ペパーミント *Mentha piperita*	多	5-10	○-△	湿	30〜50	S/M	30〜40	葉	半	肥沃を好む、生育旺盛
No.13	ミント;ペニーロイヤル *Mentha pulegium*	多	5-10	○-△	湿	20〜40	S	20〜40	葉		
No.14	モナルダ(ベルガモット) *Monarda didyma*	多	6-10	○	乾	50〜100	M/L	45	葉/花	半	
No.15	ラベンダー *Lavandula angustifolia*	低	5-8	○	乾	40〜70	M	50〜70	葉/花	EG	高温多湿を嫌う 多肥により芳香減少
No.16	ラバンディン *Lavandula × Intermedia*	低	7-9	○	乾	80〜120	M/L	70〜100	葉/花	EG	コモンラベンダー系より 耐暑性あり
No.17	レモンバーム *Melissa officinalis*	多	6-9	△-○	-	30〜60	S/M	40	葉	半	肥沃を好む
No.18	ローズマリー *Rosmarinus officinalis*	低	7-9	○	乾	40〜150	M/L	50〜80	葉	EG	立性・半匍匐性・匍匐性有 高温多湿を嫌う

表Ⅲ-2　日本で栽培可能な主な芳香植物の生育特性

	グループ2：キク科の芳香植物										
	植物名	生活型	クライメートゾーン	日照条件	土壌条件	草丈・樹高（cm）		葉の広がり（cm）	芳香部位	常緑	備考
No.19	ジャーマンカモマイル *Matricaria recutita*	1	6-9	○	乾	40〜60	M	15	花		加湿を嫌う
No.20	ローマンカモマイル *Anthemis nobilis*	多	7-9	○夏△	乾	10〜30	S	GC	葉/花	EG	加湿を嫌う 開花期は花穂が伸長
No.21	カレープラント *Helichrysum italicum subsp.*	小低	6-9	○	乾	40〜50	M	30〜40	葉	EG	高温多湿を嫌う
No.22	サントリーナ *Santolina chamaecyparissus*	小低	6-9	○	乾	40〜60	M	50	葉	EG	
No.23	タンジー *Tanacetum vulgare*	多	5-8	○-△	-	70〜150	M/LL	50	葉/花		
No.24	ポットマリーゴールド *Calendula officinalis*	1	6-9	○	-	30〜40	S	30	葉/花		
No.25	ヤロー；ヤロー *Achillea millefolium*	多	5-9	○	乾	60〜80	M/L	40	葉		
No.26	ヤロー；ムーンウォーカー*A. ageratum'moonwalker'*	多	6-9	○	乾	60〜70	M	40	葉		
No.27	ロシアンタラゴン *Artemisia dracunculoides*	多	6-8	○-△	乾	30〜50	S/M	30	葉	EG	木質化
No.28	ワームウッド *Artemisia absinthium*	多	5-9	○	湿	40	S	40	葉		木質化

表Ⅲ-1（74頁）、表Ⅲ-2（75頁）、表Ⅲ-3（76頁）、表Ⅲ-4（77頁）の注記。

植物名　一般呼称による英名表記を基準とした（50音順）
日照条件　○：日当り　△：半日陰
土壌条件　乾：乾燥を好む　　湿：保水性を好む
生活型　多：多年草　1：一年草　2：二年草　つる：つる性
　小低:小低木（50ｃｍ以下）　低：低木　立性：幹が立ち上がる。
半匍匐性　幹が30-40cm程度立ち上がってから、下垂して広がる。
匍匐性　幹がわずかに立ち上がった後に接触面に沿って広がる。
常緑　EG：常緑　半：半常緑　無印：落葉
樹高　GC：グランドカバー　SS：〜25cm　S：25〜40cm
　M：40〜70cm　L：70〜120cm　LL：120cm〜

表Ⅲ-3　日本で栽培可能な主な芳香植物の生育特性

	グループ3：その他の科に属する芳香植物											
	植物名	科名	生活型	クライメートゾーン	日照条件	土壌条件	草丈・樹高（cm）		葉の広がり（cm）	芳香部位	常緑	備考
No.29	ジャスミン *Jasminum officinale f. grandiflorum*	モクセイ	つる性	8-11	○	乾	1000	LL	-	花	EG	
No.30	ゼラニウム；ローズゼラニウム *Pelargonium graveolens*	フウロウソウ	多	8-10	○	乾	30～60	M	80	葉	半	
No.31	ゼラニウム；プリンスルーパート *P.crispum cv.*	フウロウソウ	多	8-11	○	乾	30～60	M	60	葉	半	
No.32	ゼラニウム；アップルゼラニウム *P.odoratissimum*	フウロウソウ	多	8-11	○	乾	30～60	M	60	葉	半	
No.33	ゼラニウム；オレンジゼラニウム *P.×citrosum cv.*	フウロウソウ	多	8-11	○	乾	30～60	M	60	葉	半	
No.34	ゼラニウム；パインゼラニウム *P.denticulatum cv.*	フウロウソウ	多	8-11	○	乾	30～60	M	60	葉	半	
No.35	ゼラニウム；ペパーミントゼラニウム *P.tomentosum*	フウロウソウ	多	8-11	○	乾	30～60	M	50～70	葉	半	半匍匐性
No.36	ディル *Anethum graveolens*	セリ	1	7-9	○	乾	40～60	M	20	葉		
No.37	パセリ *Petroselinum crispum*	セリ	2	7-9	○-△	湿	15～20	SS	30	葉/花		強光を嫌う
No.38	バレリアン *Valeriana officinalis*	オミナエシ	多	6-9	○	-	60～150	L	50	葉/花		
No.39	マートル *Myrtus communis*	フトモモ	低木	6-9	○	乾	100～250	L/LL	-	葉/花	EG	
No.40	ルー（ヘンルーダ） *Ruta graveolens*	ミカン	多	7-9	○	乾	60	M	40	葉	EG	
No.41	レモングラス *Cymbopogon citratus*	イネ	多	8-11	○	-	70～120	M/L	70	葉		
No.42	レモンバーベナ *Aloysia triphylla*	クマツヅラ	低	6-9	○	乾	100～200	L/LL	-	葉		熱帯の場合H300～400
No.43	ローズ *Rosa canina*	バラ	低	6-9	○	乾	80～200	L/LL	-	葉/花		
No.44	ローレル *Laurus nobilis*	クスノキ	木本	7-10	○	乾	300～400	LL	-	葉/花	EG	

表Ⅲ-4　日本で栽培可能な主な芳香植物の生育特性

	植物名	科名	生活型	クライメートゾーン	日照条件	土壌条件	草丈・樹高(cm)		葉の広がり(cm)	芳香部位	常緑	備考
	グループ3：その他の科に属する芳香植物											
No.45	アガパンサス *Agapanthus africanus*	ユリ	多	7-9	○	−	30～50	M	30～50	なし	半	開花期は花穂が伸長
No.46	アカンサス *Acanthus mollis*	キツネノマゴ	多	8-9	△	乾	50～70	M/L	50～100	なし	EG	開花期は花穂が伸長
No.47	ガザニア *Gazania rigens*	パイナップル	多	9-11	○	乾	10～30	GC/SS	20～30	なし	半	マット状になる
No.48	ギボウシ *Hosta sieboldiana*	ユリ	多	5-9	△	乾	20～60	S/M	20～60	なし		開花期は花穂が伸長
No.49	サフラン *Crocus sativus*	アヤメ	球根	6-9	○	乾	15	SS	10	花		
No.50	サルビアレウカンサ *Salvia leucantha*	シソ	多	7-9	○	乾	100～150	L/LL	100～150	葉	半	
No.51	ジギタリス *Digitalis purpurea*	ゴマノハグサ	多	6-9	△	乾	100～200	L/LL	30	なし		
No.52	シロタエギク *Senecio cineraria*	キク	多	5-8	○	乾	40～60	M	30～60	葉	半	
No.53	ソープワート *Saponaria officinalis*	ナデシコ	多	6-9	○	湿	60	M	50	花		
No.54	ダイアンサス(クローブピンク) *Dianthus caryophyllus*	ナデシコ	多	5-8	○	乾	15～20	GC	20～30	花	EG	マット状になる
No.55	タマスダレ *Zephyranthus candida*	ヒガンバナ	球根	6-9	○	乾	15～20	SS	20	なし		
No.56	チャイブ *Allium schoenoprasum*	ユリ	球根	5-9	○-△	湿	20	SS	15	葉/花	半	肥沃を好む
No.57	ナスタチウム *Tropaeolum majus*	ノウゼンハレン	1	7-10	○	乾	30～300	S	30	葉/花		つる性(1～3m)有
No.58	ハニーサックル *Lonicera caprifolium*	スイカズラ	つる	6-9	○	乾	700	LL	−	花	EG半	
No.59	ハマナシ *Rosa rugosa rubra*	バラ	低木	5-9	○	乾	80～100	L	80	花		
No.60	ヒマラヤユキノシタ *Bergenia stracheyi*	ユキノシタ	多	5-9	△	乾	30～50	M	30	なし	EG	紅葉
No.61	マロウ *Malva sylvestris*	アオイ	多	6-9	○	乾	100～150	L	50	花		
No.62	ラミウム *Lamium maculatum*	シソ	多	6-9	△	乾	10～20	GC	100	なし	半	
No.63	ラムズイヤー *Stachys byzantina*	シソ	多	5-7	○-△	乾	30～40	S/M	40	なし	半	開花期は花穂が伸長
No.64	レディスマントル *Alchemilla vulgaris*	バラ	多	5-7	○-△	乾	30～50	M	50	なし		
No.65	ロケット(ルッコラ) *Eruca vesicaria subsp. sativa*	アブラナ	1	7-9	○	乾	60	M	30	葉/花	半	

Ⅲ-4　日本で栽培可能な主な芳香植物の色彩特性

生活形、気象条件（クライメートゾーン、日照条件）、土壌条件と、植物たちの育つ姿について「草丈・樹高、広がり、芳香部位」等をまとめましたが、ここでは、カラーデザインを左右する葉の特徴（色彩、形態、形状）、花色、花期について表Ⅲ-5～表Ⅲ-8にまとめます。

ハーブ類の利用と観賞の中心は葉です。芳香成分のほとんどは葉にありますから、緑地計画では、葉の特徴と芳香期間の情報がデザイン組み立ての要素になります。芳香植物の開花時期に注目すべき理由は、色彩の景観的意味だけでなく、精油生成が盛んな時期と連動していることに関係しているからです。

選定した有用性が高いハーブは多年草が多く、一年草に比べて一般に開花期間は長くありませんが、切り戻しによって二次的な開花を期待できる場合も多くあります。景観を保ち、蒸れを防ぐためにこの切り戻し作業は大切です。一般にハーブの花は小型で花色も派手とは言えませんが、全体の色彩は青色から紫色を基調とする清楚な色合いが中心で、創り出されるカラーハーモニーは穏やかさと爽やかさを感じさせます。

図Ⅲ-1　主なハーブの葉色と花色のカラーハーモニー

葉色

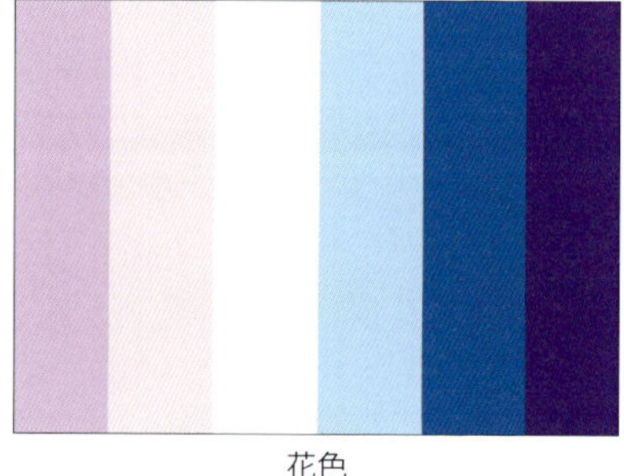
花色

花景観の色彩についてこんな調査があります。ハーブの花色の中心を成す白～淡紅、淡紫～濃紫、空色～濃青の心理的効果は、内面のバランスを回復させ、緊張をほぐし、リラックスさせると。参考の数字ですが、この紫系と青系の色彩を好む人の割合は過半数を越え、葉に代表される青緑、緑色、黄緑については35%以上の人がきわめて好ましいと感じるのだそうです。したがってハーブに備わる全草の色彩特性は心理的にも有効なデザイン要素といえます。

ハーブに特徴的な葉色と花色について80頁～83頁では詳細な色名を避け、有彩色120色と無彩色10色計130色で構成されたHUE & TONE SYSTEM（小林重順、日本カラーデザイン研究所編「カラーリスト」）の色相とトーン（明度＋彩度）により、基本的なまとまりとしての８系統の色名：桃系、赤系、橙系、黄系、緑～青緑系、青系、紫系、銀灰系と白色を表記しました。

65種の色彩特性を葉の特徴（色彩、形態、形状）、花色、花期を表にまとめました。

表Ⅲ-5　グループ1　シソ科の植物　18種類
表Ⅲ-6　グループ2　キク科の植物　10種類
表Ⅲ-7　グループ3　その他の科に属する芳香植物　16種類
表Ⅲ-8　グループ4　共に用いると互いの個性が際立つ植物、有効なハーブを含む　21種類

表Ⅲ-5（80頁）、表Ⅲ-6（81頁）、表Ⅲ-7（82頁）、表Ⅲ-8（83頁）の注記。

[常緑] EG：常緑　半：半常緑　無印：落葉
[葉の特徴] 凸凹、ざらつき有、厚い、肉厚、硬い、ビロード毛、軟毛有、繊毛有、羽状、光沢有、ちぢれ、裂型、等
[花色] 青、紫、紅、赤、橙、朱色、黄、白、空色、明紫、淡紫、濃桃、淡桃、淡黄、等
[葉色] 濃緑、緑、青緑、明緑、黄（左より緑濃淡順）、青灰緑、青灰、灰緑、銀灰、銀白（左より緑灰色濃淡順）

表Ⅲ-5　日本で栽培可能な主な芳香植物の色彩特性

	グループ1:シソ科の植物							
	植物名	常緑	葉色	葉の形態・形状	葉の芳香期間	花色	花期(月)	備考
No.1	ウィンターセーボリー *Satureja montana*	EG	濃緑	細長	1年中	淡桃	6-8	
No.2	オレガノ *Origanum vulgare*	半	緑	丸	春-秋	紫(桃・白)	7-8	
No.3	キャットニップ *Nepeta cataria*		明緑	裏面灰緑	春-秋	白・淡桃	5-7	ブルーキャットミント(近縁) 花;紫:5-7月
No.4	スイートバジル *Ocimum basilicum*		明緑	凸凹	夏-秋	白	7-9	ダークオパール有、葉;濃紫
No.5	セージ;コモンセージ *Salvia officinalis*	EG	灰緑	凸凹	1年中	明紫	6中-7中	葉;紫・濃紫・白斑、有
No.6	セージ;クラリセージ *Salvia sclarea*	EG	銀灰	大葉	1年中	淡桃	6中-7中	
No.7	セージ;ホワイトセージ *Salvia apiana*	EG	銀白	厚・ざらつき	1年中	白	6中-7中	
No.8	タイム;コモンタイム *Thymus vulgaris*	EG	濃緑	小葉	1年中	濃桃～淡桃	5中-7	白斑・黄斑有、紅葉有
No.9	ヒソップ(ヤナギハッカ) *Hyssopus officinalis*	半	明緑	小葉・細長	春ー秋	桃・紫・白	6-9中	
No.10	マージョラムスイート *Origanum majorana*		灰緑	軟毛有	初夏-秋	白	6-7	黄斑有
No.11	ミント;スペアミント *Mentha spicata*	半	明緑	やや丸葉	初夏-秋	濃紫	6－9	アップルミント;うぶ毛有 パイナップルミント;白斑有
No.12	ミント;ペパーミント *Mentha piperita*	半	濃緑	やや丸葉	初夏-秋	淡紫	6－9	
No.13	ミント;ペニーロイヤル *Mentha pulegium*		明緑	小・丸	初夏-秋	淡桃	6－9	
No.14	モナルダ(ベルガモット) *Monarda didyma*	半	濃緑	小・丸	初夏-秋	赤・紅・淡紫・白	6中-8中	
No.15	ラベンダー *Lavandula angustifolia*	EG	灰緑	細葉	春-秋	紫・桃・白	6－9	盛夏に開花休止
No.16	ラバンディン *Lavandula ×Intermedia*	EG	灰緑	細葉	春-秋	淡紫	6－9	盛夏に開花休止
No.17	レモンバーム *Melissa officinalis*	半	明緑／黄	軟毛有	春-秋	白	5中-7	
No.18	ローズマリー *Rosmarinus officinalis*	EG	濃緑	細葉	1年中	青・淡桃・空・濃桃	12－5	

表Ⅲ-6　日本で栽培可能な主な芳香植物の色彩特性

	グループ 2：キク科の芳香植物							
	植物名	常緑	葉色	葉の形態・形状	葉の芳香期間	花色	花期（月）	備考
No.19	ジャーマンカモマイル *Matricaria recutita*		明緑	繊細	春～秋	白	4-7	こぼれ種で順次開花
No.20	ローマンカモマイル *Anthemis nobilis*	EG	明緑	繊細	1年中	白	5-6	
No.21	カレープラント *Helichrysum italicum subsp.*	EG	銀灰	細葉	春-秋	黄	7-9	
No.22	サントリーナ *Santolina chamaecyparissus*	EG	銀灰・明緑	細葉	1年中	黄・淡黄	6・7	
No.23	タンジー *Tanacetum vulgare*		濃緑	羽状	春-秋	黄	5-9	
No.24	ポットマリーゴールド *Calendula officinalis*		明緑	光沢/　肉厚	春-秋	黄～橙	3-6/9-10	
No.25	ヤロー；ヤロー *Achillea millefolium*		緑	繊細	春-秋	紅・白・黄	4中-9中	
No.26	ヤロー；ムーンウォーカー *A. ageratum'moonwalker'*		緑	繊細	春-秋	黄	4中-9中	
No.27	ロシアンタラゴン *Artemisia dracunculoides*	EG	緑	光沢/　細葉	春-秋	白	5中-7	
No.28	ワームウッド *Artemisia absinthium*		灰緑	羽状	春-秋	黄	6-8	

表Ⅲ-7　日本で栽培可能な主な芳香植物の色彩特性

	植物名	科名	常緑	葉色	葉の形態・形状	葉の芳香期間	花色	花期（月）	備考
	グループ３：その他の科に属する芳香植物								
No.29	ジャスミン *Jasminum officinale f. grandiflorum*	モクセイ	EG	緑	羽状	春-秋	白	9-11	
No.30	ゼラニウム；ローズゼラニウム *Pelargonium graveolens*	フウロウソウ		明緑	羽状ちぢれ	春-秋	桃	5-7	
No.31	ゼラニウム；プリンスルーパートゼラニウム *P.crispum cv.*	フウロウソウ		明緑	繊細	春-秋	白	5-7	
No.32	ゼラニウム；アップルゼラニウム *P.odoratissimum*	フウロウソウ		明緑	やや丸葉	春-秋	白	5-7	匍匐性
No.33	ゼラニウム；オレンジゼラニウム *P.×citrosum cv.*	フウロウソウ		緑	裂型	春-秋	淡黄～橙	5-7	葉に有毛
No.34	ゼラニウム；パインゼラニウム *P.denticulatum cv.*	フウロウソウ		緑	羽状	春-秋	桃	5-7	
No.35	ゼラニウム；ペパーミントゼラニウム *P.tomentosum*	フウロウソウ		銀灰	丸型繊毛	春-秋	白	5-7	葉に有毛
No.36	ディル *Anethum graveolens*	セリ		明緑	羽状	春-秋	黄	7-8	
No.37	パセリ *Petroselinum crispum*	セリ		濃緑	ちぢれ	春-秋	淡黄	5	
No.38	バレリアン *Valeriana officinalis*	オミナエシ		灰緑	羽裂	春-秋	黄・淡桃	6-7中	
No.39	マートル *Myrtus communis*	フトモモ	EG	淡緑/緑	光沢	一年中	白	5-8	斑入り有
No.40	ルー（ガーデンルー・ヘンルーダ） *Ruta graveolens*	ミカン	EG	青緑	光沢	春-秋	黄	6-7	
No.41	レモングラス *Cymbopogon citratus*	イネ		緑	単子葉	春-秋	黄	7-8	日本での開花;希
No.42	レモンバーベナ *Aloysia triphylla*	クマツヅラ		緑	光沢	春-秋	白	6中-8	
No.43	ローズ *Rosa canina*	バラ		濃緑	光沢	春-秋	黄	5,10	
No.44	ローレル *Laurus nobilis*	クスノキ	EG	濃緑	光沢・硬	一年中	黄	4-5	

表Ⅲ-8　日本で栽培可能な主な芳香植物の色彩特性　1

	グループ４：植栽に共に用いると有効なハーブを含む植物（触れただけではごく微香）								
	植物名	科名	常緑	葉色	葉の形態・形状	葉の芳香期間	花色	花期（月）	備考
No.45	アガパンサス *Agapanthus africanus*	ユリ	半	緑	光沢	1年中	白・青・紫	6-9	
No.46	アカンサス *Acanthus mollis*	キツネノマゴ	EG	濃緑	光沢	1年中	淡桃	6-9	
No.47	ガザニア *Gazania rigens*	パイナップル	半	灰緑	繊細	1年中	黄・橙・桃・茶	6-10	
No.48	ギボウシ *Hosta sieboldiana*	ユリ		灰緑/緑/明緑/青緑	繊細	春-秋	紫	6-9	
No.49	サフラン *Crocus sativus*	アヤメ		灰緑/緑/明緑/青緑緑	細型		紫	10-11	
No.50	サルビアレウカンサ *Salvia leucantha*	シソ	半	淡緑/灰	細型	春-秋	白（紫・桃）	9-12	目立つ紫色はガク
No.51	ジギタリス *Digitalis purpurea*	ゴマノハグサ		緑	細丸	春-秋	黄・白・桃・紫	7-8	
No.52	シロタエギク *Senecio cineraria*	キク	半	灰緑	羽裂	春-秋	黄	7-8	
No.53	ソープワート *Saponaria officinalis*	ナデシコ		淡緑/緑	細丸	春-秋	淡桃	6-7	
No.54	ダイアンサス（クローブピンク）*Dianthus caryophyllus*	ナデシコ	EG	青灰	細型	ほぼ一年中	桃	7-8	四季咲き有
No.55	タマスダレ *Zephyranthus candida*	ヒガンバナ		緑	細型	春-秋	白（桃・黄）	9-11	
No.56	チャイブ *Allium schoenoprasum*	ユリ	半	青灰緑	細型	春-秋	淡紫	5-7中	
No.57	ナスタチウム *Tropaeolum majus*	ノウゼンハレン		明緑	丸型	春-秋	黄・橙・朱	6-10	斑入り有
No.58	ハニーサックル *Lonicera caprifolium*	スイカズラ	半	明緑	楕円	春-秋	白・淡黄・桃	6-8	
No.59	ハマナシ *Rosa rugosa rubra*	バラ		緑	光沢	春-秋	紅	5-6	
No.60	ヒマラヤユキノシタ *Bergenia stracheyi*	ユキノシタ	EG	明緑	光沢	春-秋	桃	5-7	紅葉有
No.61	マロウ *Malva sylvestris*	アオイ		緑	細毛有	春-秋	紫	5-8	
No.62	ラミウム *Lamium maculatum*	シソ	半	銀灰/緑	多様	春-秋	白・桃・赤紫・黄	4-6	明緑・銀斑入有
No.63	ラムズイヤー *Stachys byzantina*	シソ	半	銀白	ビロード毛	春-秋	紫	5-8	
No.64	レディスマントル *Alchemilla vulgaris*	バラ		明緑	軟毛有	春-秋	黄	6-7	
No.65	ロケット（ルッコラ）*Eruca vesicaria subsp. sativa*	アブラナ	半	緑	細長から　羽裂に　変化	春-秋	淡黄	4中-6中	

Ⅲ-5　ハーブに特徴的な生育形態と芳香成分

植物の形状は本来多様で個性的なものですが、好きなモノを選んでも珍しいモノばかりを並べても魅力的なデザインにはなりません。互いに引き立て、馴染ませ、一体化させて、と目的のイメージを作りだすためにはさまざまな演出が求められます。

これまでの緑の計画（パブリックパーク・ガーデン）では、常緑あるいは落葉、高さ別の選択、目立つ花が咲くか否か、などが一般的な検討だったように思います。近所の公園の改修工事を見ればそれは一目瞭然、旧態依然です。草本類や植物のもつ花色・葉色、形状、テクスチャー、四季変化への関心度は低く、芳香に注意を向けることはさらに稀です[71,86]。

植物の個性に注目し、芳香機能にも目を向けて緑化デザインの新しい視点を探ろうと、とくに植栽が人の身体に触れることを目的に植栽後の形態に注目して分類を試みました。

生育形態を 8 種の類型に分けるとともに代表的なハーブに含まれる精油の主成分とその効能作用について表示します。

❶ 円形生長型（例No.32）

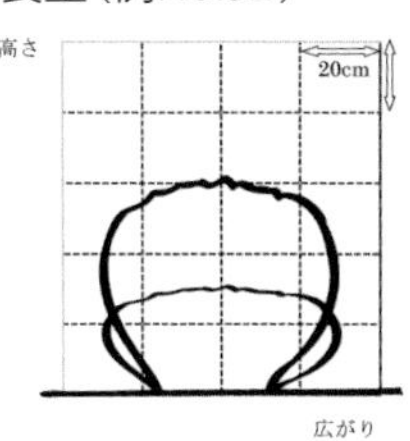

パセリ、バジル、レモンバームなど

❷ 長円形生長型（例No.26）

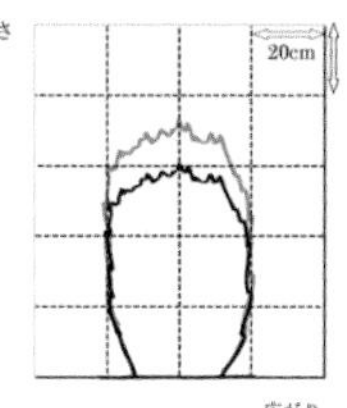

ローズマリー、タンジー、セージ、ラベンダー、
ワームウッドなど

❸ 台形生長型（例No.38）

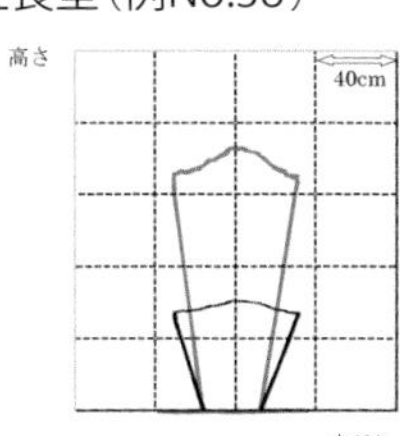

ヒソップ、オレガノ、ジャーマンカモマイル、
サントリーナなど

❹ グランドカバー/匍匐（ほふく）性（例No.20）

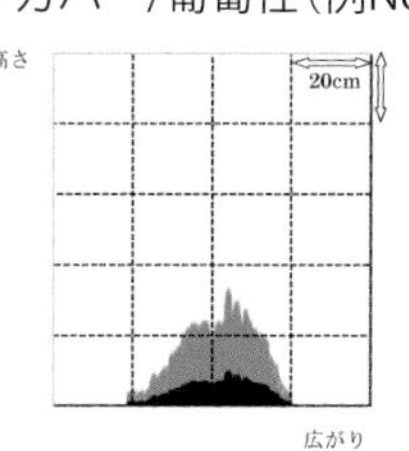

ローマンカモマイル、ナスタチウム、
タイム類、ローズマリー類など

❺ 長剣型（例No.45）

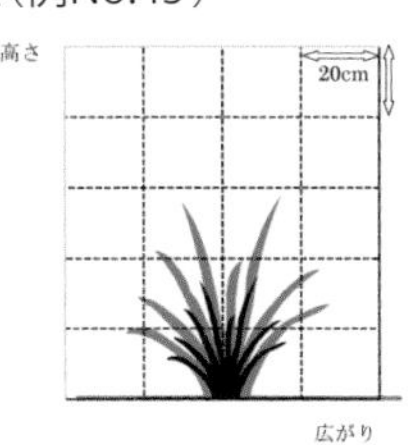

レモングラス、チャイブ、タマスダレなど

❻ 下垂型/半匍匐性（例No.18）

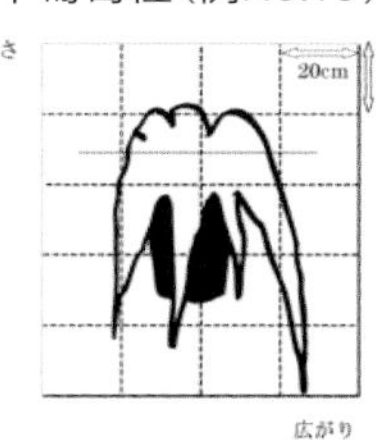

ローズマリー類、ナスタチウムなど

❼ つる型

ハニーサックル、ジャスミンなど

❽ 木本型

マートル、ローレル、など

1．グループ１：シソ科の芳香植物

No.	植物名	生育形態	主成分	効能作用	写真
No.1	ウィンターセーボリー *Satureja montana* キダチハッカ	❶	フェノール類：カルバクロール チモールオイゲノール モノテルペン類：テルピネン、シメン セスキテルペン類：カリオフィレン	強壮、抗ウィルス、殺菌消毒、抗真菌、免疫賦活、神経強壮、精神強壮	
No.2	オレガノ *Origanum vulgare* ハナハッカ	❶	フェノール類：カルバクロール チモール モノテルペン類：シメン、テルピネン	強壮、抗ウィルス、消毒、抗真菌	
No.3	キャットニップ *Nepeta cataria* イヌハッカ	❸	Mアルコール：シトロネロール ゲラニオール類 セスキテルペン：カリオフィレン類 アルデヒド類：ネラール ゲラニアール	殺菌、抗ウィルス、鎮静、高揚	

No.	植物名	生育形態	主成分	効能作用	写真
No.4	スイートバジル *Ocimum basilicum* バジル メボウキ	❶	Mアルコール類:テルピネオール リナロール フェノール類:オイゲノール メチルカビコール メチルオイゲノール フェニールプロパン類	神経強壮、抗ウィルス、殺菌、抗真菌 精神バランス、エストロゲン様特性	
No.5	コモンセージ *Salvia officinalis* ヤクヨウサルビア	❶	ケトン類:ツヨン、カンファー セスキテルペン類:カリオフィレン Mアルコール類:ボルネオール	神経強壮、抗ウィルス、殺菌消毒、粘液溶解 エストロゲン様特性、殺虫	
No.6	クラリセージ *Salvia sclarea* オニサルビア	❶	エステル類:カリオフィレン Mアルコール類:リナリルアセテート セスキテルペン類:リナロール テルピネオール	抗痙攣、神経強壮、精神疲労回復、消毒 抗炎症、エストロゲン様特性	

No.	植物名	生育形態	主成分	効能作用	写真
No.7	ホワイトセージ *Salvia apiana*	❷	＊本稿においては割愛	＊本稿においては割愛	
No.8	タイム *Thymus vulgaris* ジャコウソウ	❹	フェノール類：チモール カルバクロール モノテルペン類：ピネン テルピネン、シメン類 Mアルコール類：リナロール ボルネオール	殺菌消毒、鎮咳、粘液溶解、精神強壮、強壮	
No.9	ヒソップ *Hyssopus officinalis* ヤナギハッカ	❸	ケトン類：ピノカンフォン イソピノカンフォン、ツヨン モノテルペン類 Mアルコール類	強壮、殺菌、抗ウィルス、去痰、抗炎症	

No.	植物名	生育形態	主成分	効能作用	写真
No.10	マージョラムスイート *Origanum majorana* マヨラナ	❶	Mアルコール類:リナロール テルピネオール、テルピネン-4-ol モノテルペン類:ピネン テルピネン、サビネン エステル類:リナリルアセテート ゲラニルアセテート セスキテルペン類	強壮、精神バランス、抗うつ、鎮静、去痰、消毒	
No.11	スペアミント *Mentha spicata*	❶	ケトン類:カルボン、メントン Mアルコール類:メントール モノテルペン類:リモネン	強壮、抗炎症、消毒、粘液溶解、鎮静 精神疲労回復、高揚、殺虫	
No.12	ペパーミント *Mentha piperita* 西洋ハッカ	❶	Mアルコール類:メントール ネオメントール、シネオール ケトン類:メントン、イソメントン オキサイド類:シネオール	強壮、鎮痛、殺菌消毒、抗ウィルス、抗炎症、去痰、精神疲労回復、神経強壮、頭脳明晰化、防虫	

No.	植物名	生育形態	主成分	効能作用	写真
No.13	ペニーロイヤル *Mentha pulegium* ハッカ	❶	ケトン類：プレゴン、メントン Mアルコール類：メントール リナロール	殺菌消毒、粘液溶解、防虫	
No.14	モナルダ ベルガモット *Monarda didyma* タイマツバナ	❸	＊本稿においては割愛	＊本稿においては割愛	
No.15	ラベンダー *Lavandula angustifolia* イングリッシュラベンダー	❸	エステル類：リナリルアセテート ラバンデュリルアセテート Mアルコール類：テルピネン-4-ol リナロール	消毒、細胞再生、抗炎症、精神バランス、強壮、抗うつ、不眠症改善、鎮静、抗痙攣、抗ウィルス、抗真菌	

No.	植物名	生育形態	主成分	効能作用	写真
No.16	ラバンディン *Lavandula × Intermedia*	❸	エステル類:リナリルアセテート Mアルコール類:リナロール ケトン類:カンファー	去痰、抗炎症、抗真菌	
No.17	レモンバーム *Melissa officinalis* コウスイハッカ 西洋ヤマハッカ	❶	アルデヒド類:シトラール シトロネラール セスキテルペン類:カリオフィレン Mアルコール類:ゲラニオール リナロール	神経鎮静、心身バランス、抗うつ、不眠症改善、強壮、精神バランス、抗アレルギー、抗炎症、防虫	
No.18	ローズマリー *Rosmarinus officinalis* マンネンロウ	❷	オキサイド類:シネオール モノテルペン類:ピネンカンフェン類 ケトン類:カンファー	精神強壮、頭脳明晰化、強壮、粘液溶解、殺菌消毒	

2．グループ２：キク科の芳香植物

No.	植物名	生育形態	主成分	効能作用	写真
No.19	ジャーマンカモマイル *Matricaria recutita* カミツレ	❸	オキサイド類：ビサボロールオキサイド セスキテルペン類：カマズレン ファルネセン Ｓアルコール類：ビサボロール	抗炎症、抗アレルギー、強壮、消毒、抗真菌、神経鎮静、ホルモン様特性	
No.20	ローマンカモマイル *Anthemis nobilis* ローマカミツレ	❹	エステル類：アンゲレート セスキテルペン類：カマズレン	鎮静、抗炎症、精神バランス、神経鎮静	
No.21	カレープラント *Helichrysum italicum subsp*	❶	＊本稿においては割愛	＊本稿においては割愛	

No.	植物名	生育形態	主成分	効能作用	写真
No.22	サントリーナ *Santolina chamaecyparissus* ワタスギギク	❸	＊本稿においては割愛	＊本稿においては割愛	
No.23	タンジー *Tanacetum vulgare* エゾヨモギク	❷	＊本稿においては割愛	＊本稿においては割愛	
No.24	ポットマリーゴールド *Calendula officinalis* キンセンカ	❶	＊本稿においては割愛	＊本稿においては割愛	

No.	植物名	生育形態	主成分	効能作用	写真
No.25	ヤロー *Achillea millefolium* セイヨウノコギリソウ	❷	セスキテルペン類：カマズレン カリオフィレン、アズレン モノテルペン類：ピネン、サビネン ケトン類：カンファー	消毒、抗炎症、鎮静	
No.26	ヤロー；ムーンウォーカー *A. ageratum 'moonwalker'*	❷	＊本稿においては割愛	＊本稿においては割愛	
No.27	ロシアンタラゴン *Artemisia dracunculoides*	❶	フェノール類：メチルカビコール モノテルペン類：オシメン、リモネン	消毒、鎮咳、防虫、免疫賦活	

No.	植物名	生育形態	主成分	効能作用	写真
No.28	ワームウッド *Artemisia absinthium* ニガヨモギ	❶	＊本稿においては割愛	＊本稿においては割愛	

3．グループ3：その他の科に属する芳香植物

No.	植物名	生育形態	主成分	効能作用	写真
No.29	ジャスミン モクセイ科 *Jasminum officinale f. grandiflorum* オオバナソケイ	❼	エステル類：ベンジルアセテート ベンジルベンゾエート Mアルコール類：リナロール ネロール	強壮、抗うつ、高揚、精神バランス、鎮静、消毒	
No.30	ローズゼラニウム *Pelargonium graveolens* フウロソウ科	❶	Mアルコール類：シトロネロール ゲラニオール、リナロール エステル類：シトロネリルフォルメート	心身バランス、精神強壮、抗うつ、強壮 ホルモン様特性、消毒、抗真菌、抗炎症、殺虫	
No.32	アップルゼラニウム フウロソウ科 *P.odoratissimum*	❶	＊本稿においては割愛	＊本稿においては割愛	

No.	植物名	生育形態	主成分	効能作用	写真
No.34	パインゼラニウム フウロソウ科 *P.denticulatum cv.*	❶	＊本稿においては割愛	＊本稿においては割愛	
No.35	ペパーミントゼラニウム フウロソウ科 *P.tomentosum*	❶	＊本稿においては割愛	＊本稿においては割愛	
No.36	ディル *Anethum graveolens* イノンド セリ科	❶	ケトン類:カルボン、ジヒドロカルボン モノテルペン類:リモネン	鎮静、抗炎症、殺菌消毒、粘液溶解	

No.	植物名	生育形態	主成分	効能作用	写真
No.37	パセリ セリ科 *Petroselinum crispum* オランダゼリ/パセリ	❶	モノテルペン類:ピネン、ミルセン フェランドレン フェノール類:ミリスチシン	強壮、消毒、鎮静、浄血、解毒	
No.38	バレリアン オミナエシ科 *Valeriana officinalis* 西洋カノコソウ	❸	*本稿においては割愛	*本稿においては割愛	
No.39	マートル *Myrtus communis* ギンバイカ/イワイノキ フトモモ科	❽	オキサイド類:シネオール、カリオフィレンオキシド モノテルペン類:ピネン	去痰、鎮咳、抗炎症、殺菌消毒、抗ウィルス	

No.	植物名	生育形態	主成分	効能作用	写真
No.40	ルー *Ruta graveolens* ミカン科 ヘンルーダ	❸	アルデヒド類：シトラール Mアルコール類：ゲラニオール シトロネロール モノテルペン類：リモネン	精神バランス、抗うつ、抗ウィルス、免疫賦活 抗炎症、殺菌消毒、殺虫	
No.41	レモングラス イネ科 *Cymbopogon citratus* レモンガヤ コウスイガヤ	❺	＊本稿においては割愛	＊本稿においては割愛	
No.42	レモンバーベナ *Aloysia triphylla* コウスイボク クマツヅラ科	❽	アルデヒド類：ゲラニアール ネラール Mアルコール類：ゲラニオール ネロール モノテルペン類：リモネン	心身バランス、抗うつ、鎮静、抗炎症、防虫 抗ウィルス、免疫賦活、消毒	

No.	植物名	生育形態	主成分	効能作用	写真
No.43	ローズ *Rosa canina* バラ科 西洋ノイバラ		Mアルコール類:フェニルエチルアルコール、ゲラニオール シトロネロール	強壮、精神バランス、抗うつ、抗炎症、免疫賦活 エストロゲン様特性、消毒	
No.44	ローレル クスノキ科 *laurus nobilis* ゲッケイジュ ベイ	❽	オキサイド類:シネオール モノテルペン類:ピネン、サビネン	強壮、消毒、抗菌、抗ウィルス、防虫、粘液溶解	

4．グループ4：植栽に共に用いると有効なハーブを含む植物（触れただけでは香りをほとんど感じられないもの）

No.	植物名	生育形態	写真
No.45	アガパンサス ユリ科 *Agapanthus africanus* ムラサキクンシラン	❺	
No.46	アカンサス キツネノマゴ科 *Acanthus mollis* ハアザミ	❶	
No.47	ガザニア キク科 *Gazania rigens* クンショウギク	❹	
No.48	ギボウシ ユリ科 *Hosta sieboldiana*	❶	
No.49	サフラン アヤメ科 *Crocus sativus*	❺	
No.50	サルビアレウカンサ シソ科 *Salvia leucantha* メキシカンブッシュセージ アメジストセージ	❸	

No.	植物名	生育形態	写真
No.51	ジギタリス ゴマノハグサ科 *Digitalis purpurea* キツネノテブクロ	❷	
No.52	シロタエギク キク科 *Senecio cineraria* ダスティミラー	❶	
No.53	ソープワート ナデシコ科 *Saponaria officinalis* サボンソウ	❸	

No.	植物名	生育形態	写真
No.54	ダイアンサス ナデシコ科 *Dianthus caryophyllus* クローブピンク ジャコウナデシコ	❸	
No.55	タマスダレ ヒガンバナ科 *Zephyranthus candida*	❺	
No.56	チャイブ ユリ科 *Allium schoenoprasum* エゾネギ	❹	

No.	植物名	生育形態	写真
No.57	ナスタチウム ノウゼンハレン科 *Tropaeolum majus* キンレンカ	❹	
No.58	ハニーサックル スイカズラ科 *Lonicera caprifolium* ニンドウ	❼	
No.59	ハマナシ バラ科 *Rosa rugosa rubra*	❶	

No.	植物名	生育形態	写真
No.60	ヒマラヤユキノシタ ユキノシタ科 *Bergenia stracheyi*	❶	
No.61	マロウ アオイ科 *Malva sylvestris* ウスベニアオイ	❷	
No.62	ラミウム シソ科 *Lamium maculatum* オドリコソウ	❹	

No.	植物名	生育形態	写真
No.63	ラムズイヤー シソ科 *Stachys byzantina* ワタチョロギ	❶	
No.64	レディスマントル バラ科 *Alchemilla vulgaris* ハゴロモグサ	❶	
No.65	ロケット アブラナ科 *Eruca vesicaria subsp. Sativa* ルッコラ キバナスズシロ	❷	

＊モノテルペンアルコール類をMアルコール類、セスキテルペンアルコール類をＳアルコール類と表記した。

まとめ　Ⅲ

原産地の気候風土や植栽適温帯と照らして、日本で栽培する場合に適応力の優れているもの、また、栽培条件の調整が難しくないハーブ類を選んで活用範囲の広い芳香性植物 65 種を選定しました。選定基準は「グループ化の考え方」に述べたとおりです。

1）日本で栽培実績がすでにあり、ハーブとしての芳香に日本人が慣れ、その名称にも親しみを感じているものであること。

2）生成する芳香成分が私たちの健康、とくに心身のバランスを整えるための有効成分を含むこと。

3）花や葉の、形状・色彩・テクスチャに個性があり、景観構成を行ううえでグラデーションや際立ちなどの色彩的な演出効果が期待できるものであること。

これらの条件を満たすハーブ類について、多様な表情を空間に演出するための生育特性、色彩特性、生育形態をⅢ-3、Ⅲ-4 およびⅢ-5 の図表にまとめました。

各グループの生育特性から見る植栽上の特徴は、表Ⅲ-1～表Ⅲ-3 に示しましたが、概観すると次のように考えられます。

植物の起原、ケッペンの気候図、日本における現況の栽培実績、クライメートゾーンマップなどを重ねた結果、本章で選択した**グループ 1**：シソ科の芳香植物はクライメートゾーン No.5～11 の間に分布し、選定した全 18 種類に共通するゾーン No.8 は山岳地域を除く東北・関東・中部地方と、近畿・中国・四国・九州地方の高地が栽培適性地です（ゾーンマップの黄色部）。また、**グループ2**：キク科の芳香植物はゾーン No.5~9 に分布し、選定 10 種にゾーン No.7~8 は共通しており、北海道と東北・中部地方の高地を除くほぼ全国の栽培が可能。**グループ 3、4** は科にこだわらないものですが、同様に No.7

～9がおおよその栽培適性地といえます。ただし、ジャスミン（No.29）、ゼラニウム類（No.30-35）、レモングラス（No.41）については、暖帯から亜熱帯を起原としているために公園植栽の場合は冬の日照条件の確認が必要です。

以上のことから、本章で選定した多くの芳香性植物群の広範な植栽適性が確認でき、公共空間の緑化材料としての適性がみえてきました。

植物の葉は葉色が同色であってもテクスチャによって見え方や表情が変わります。風、雨、光の強弱が個性を多様にさせるのです。葉の色調は黄緑、緑、青緑の淡く弱いトーン（明度＋彩度）Light Grayishから地味なトーンLight、Grayish、Dullに向かう位置にあり、花色は緑の色相を除いたすべての色相にまたがり、明るい色調と淡い色調Strong、Bright、Paleが中心を占めます[49)]。

植物に固有のこうした多面的な特性と香り成分の情報を、組み合わせることによって、生育期や開花期に重なる精油生産の活発な時期を予測できます[92.93)]。また、草丈や草姿の広がり・生育形状などを選択基準に取り入れることは、ヒトの動作や風による香りの拡散の可能性を増やし、その予測にも役立てられると思います。

カラーチャート

※選定した植物の生育形態と草丈、樹高（S,M,L）などの一覧を次頁以降に示す。

芳香成分の機能を活用した空間づくりには、植物同士の接触やヒトと植物が触れ合う機会を増やす必要があります。草姿外形や形状の特徴をまとめました。

※木本類の高さ表記も草丈に統一。

草姿外形や形状の特徴

❶円形生長型	**シソ科の芳香植物**	**草丈**
高さ 20cm 広がり	**No.1** ウィンターセーボリー *Satureja montana*	S
	No.2 オレガノ *Origanum vulgare*	S/M
	No.4 スィートバジル *Ocimum basilicum*	S/M
	No.5 コモンセージ *Salvia officinalis*	M
	No.6 クラリセージ *Salvia sclarea*	M
	No.10 マージョラムスイート *Origanum majorana*	S
	No.11 スペアミント *Mentha spicata*	S/M
	No.12 ペパーミント *Mentha piperita*	S/M
	No.13 ペニーロイヤル *Mentha pulegium*	S
	No.17 レモンバーム *Melissa officinalis*	S/M
	キク科の芳香植物	
	No.21 カレープラント *Helichrysum italicum subsp*	M
	No.22 サントリーナ *Santolina chamaecyparissus*	M
	No.24 ポットマリーゴールド *Calendula officinalis*	S
	No.27 ロシアンタラゴン *Artemisia dracunculoides*	S/M
	No.28 ワームウッド *Artemisia absinthium*	S
	その他の芳香植物	
	No.30 ローズゼラニウム *Pelargonium graveolens*	M
	No.31 プリンスルーパート・ゼラニウム *P.crispum cv.*	M
	No.32 アップルゼラニウム *P.odoratissimum*	M
	No.33 オレンジゼラニウム *P.×citrosum cv.*	M
	No.34 パインゼラニウム *P.denticulatum cv.*	M
	No.35 ペパーミントゼラニウム *P.tomentosum*	M
	No.36 ディル *Anethum graveolens*	M
	No.37 パセリ *Petroselinum crispum*	SS
	No.43 ローズ *Rosa species (canina)*	L/LL
	共に用いると互いの個性が際立つ植物	
	No.46 アカンサス *Acanthus mollis*	M/L
	No.48 ギボウシ *Hosta sieboldiana*	S/M
	No.52 シロタエギク *Senecio cineraria*	M
	No.59 ハマナシ（ハマナス） *Rosa rugosa rubra*	L
	No.60 ヒマラヤユキノシタ *Bergenia stracheyi*	M
	No.63 ラムズイヤー *Stachys byzantina*	S/M
	No.64 レディスマントル *Alchemilla vulgaris*	M

❷長円形生長型		草丈
	シソ科の芳香植物	
	No.7　ホワイトセージ　*Salvia apiana*	L
	No.18 ローズマリー　*Rosmarinus officinalis*	M/L
	キク科の芳香植物	
	No.23 タンジー　*Tanacetum vulgare*	M/LL
	No.25 ヤロー　*Achillea millefolium*	M/L
	No.26 ヤロームーンウォーカー　*Achillea ageratum*	M
	共に用いると互いの個性が際立つ植物	
	No.51 ジギタリス　*Digitalis purpurea*	L/LL
	No.61 マロウ　*Malva sylvestris*	L
	No.65 ロケット　*Eruca vesicaria subsp. sativa*	M

❸台形生長型		
	シソ科の芳香植物	
	No.3　キャットニップ　*Nepeta cataria*	M
	No.9　ヒソップ　*Hyssopus officinalis*	M/L
	No.14 モナルダ（ベルガモット）　*Monarda didyma*	M/L
	No.15 ラベンダー　*Lavandula angustifolia*	M
	No.16 ラバンディン　*Lavandula × Intermedia*	M/L
	キク科の芳香植物	
	No.19 ジャーマンカモマイル　*Matricaria recutita*	M
	その他の芳香植物	
	No.38 バレリアン　*Valeriana officinalis*	L
	No.40 ルー　*Ruta graveolens*	M
	共に用いると互いの個性が際立つ植物	
	No.50 サルビアレウカンサ　*Salvia leucantha*	L/LL
	No.53 ソープワート　*Saponaria officinalis*	M

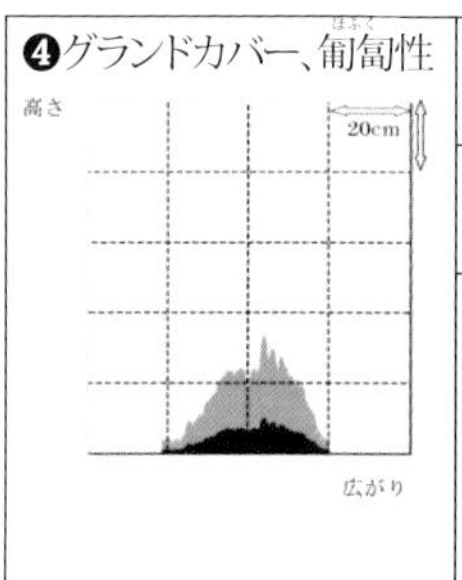

❹グランドカバー、匍匐性		
	シソ科の芳香植物	
	No.8　タイム　*Thymus vulgaris*	GC/SS
	キク科の芳香植物	
	No.20 ローマンカモマイル　*Anthemis nobilis*	GC/SS
	共に用いると互いの個性が際立つ植物	
	No.47 ガザニア　*Gazania rigens*	GC/SS
	No.54 ダイアンサス（クローブピンク）　*Dianthus caryophyllus*	GC
	No.57 ナスタチウム　*Tropaeolum majus*	S
	No.62 ラミウム　*Lamium maculatum*	GC

どんな植物も生育環境の影響を受けて高さや広がりにはバラつきが出てしまいますが、草姿外形と草丈の類型化によって生長型毎の形状の割合が概観できます。

❺長剣形	その他の芳香植物	草丈
高さ 20cm 広がり	No.41 レモングラス *Cymbopogon citratus*	M/L
	共に用いると互いの個性が際立つ植物	
	No.45 アガパンサス *Agapanthus africanus*	M
	No.49 サフラン *Crocus sativus*	SS
	No.55 タマスダレ *Zephyranthus candida*	SS
	No.56 チャイブ *Allium schoenoprasum*	SS

❻下垂形/半匍匐性	シソ科の芳香植物	
高さ 20cm 広がり	No.18 ローズマリー *Rosmarinus officinalis*	M/L
	共に用いると互いの個性が際立つ植物	
	No.57 ナスタチウム *Tropaeolum majus*	S

❼つる型	その他の芳香植物	
	No.29 ジャスミン *Jasminum officinale f. grandiflorum*	LL
	No.43 ローズ *Rosa species (canina)*	L/LL
	共に用いると互いの個性が際立つ植物	
	No.58 ハニーサックル Lonicera caprifolium	LL

❽木本型	その他の芳香植物	
	No.39 マートル *Myrtus communis*	L/LL
	No.42 レモンバーベナ *Aloysia triphylla*	L/LL
	No.44 ローレル *Laurus nobilis*	LL

65種の内、❶円形生長型31種：47%、❷長円形生長型8種：12%、❸台形生長型10種：15%、❹グランドカバー6種：9%、❺長剣形5種：8%、❻下垂形2種：3%、❼、❽は各3種：4%ずつを示しました。

このことから、香りの機能を優先する場合も色彩計画を中心とする場合も、初めに①円形生長型の数種を選び、高低差を考慮して形状の異なるハーブを選びながら植え増す方法によれば、香りと表情を活かす植栽デザインがまとまりやすくなるはずです。

Ⅳ　日本で栽培可能な芳香植物の成分と効能の類型化

先に形状や色彩の個性に注目し、公共空間の緑化に有効な表情豊かな植物を選びました。次は植物に含まれる香りに焦点を当て、シソ科、キク科、およびその他の科に属する草本性の芳香植物の精油成分がどのように心身に影響を与えるのかを検討します。

植物の芳香は、古来、雌雄異株植物の開花調整や受粉のための昆虫の訪花誘引、害虫等の食害からの防御、病害防止の消毒・殺菌など、さまざまな役割を担ってきました。これらの働きを借りると、ヒトの心身のリフレッシュ、快適性の向上、免疫増進等に役立てることが可能で、これは空間へのアロマコロジー提案ともいえます。

精油を構成する化学成分は、一種類のハーブについて200種を超えるといわれますが、ここでは含有率の高い主要成分を中心に考えてみます。精油は主にテルペン類とその酸化物に他の有機物が加わった混合物です。とくに現代人の抱えるストレス性の症状に効能が認められるものに注目してハーブを選んでみます。

Ⅳ-1　精油の機能

Ⅳ-1-1　五感刺激の役割と香りの伝達に関わる脳のしくみ

動物には視覚・聴覚・嗅覚・味覚・触覚の5つの感覚があり―五感を磨くと第六感が冴えてくると思いますが―日々の暮らしの中で私達はこれらの感覚情報（刺激）を受け、脳の判断で行動命令が起きます。一般に視覚・聴覚・触覚は物理的な感覚、味覚・嗅覚は化学的な感覚であるといわれ、とくに高等な動物になるほど、視覚や聴覚から外部情報を取り入れることが多いのです。今の私達の暮らしぶりはまさにそれを物語っていますね。嗅覚は原始的な感覚器官といわれますが、実は生命維持に関わる大変重要な役割を担っているのです[74]。好物の消費期限が切れている時、ゴミ箱に入れる前に、鼻と口どちらに持っていきますか。その行動を思い出せば生死にかかわる感覚の判断の答えがわかります。

嗅覚の解析的研究は視覚に比べるとかなり遅れていました。最初に記録が残るのは、1937 年に台北帝国大学の細谷雄二教授と吉田甫氏の 2 人の日本人による「嗅粘膜による電位発生」ですが、本格的な研究は 1950 年代になって漸く始まります。その後 30 年を経て 1980 年代になると、分子遺伝学的な手法によって嗅細胞の受容蛋白が発見され、大脳生理学の発達とともに香りの心身に及ぼす影響についての研究が急速に広がります[81]。

人間は何か香りを嗅いだときに、好きか嫌いか、快か不快か、の反応を見せますが、その香りに関連した記憶を呼び覚ますことが注目されています。この現象は嗅覚の生理メカニズムとして理解でき、認知症や記憶にかかわる症例に利用されています。

香りは鼻から吸い込まれると、鼻腔の奥にある嗅上皮という粘膜に溶け込み、嗅細胞に取り込まれ、インパルス（電気信号）に変換された後、大脳辺縁系に直接伝達されます。大脳辺縁系は、食欲、性欲などの本能に基づく行動や喜怒哀楽といった感情を支配する器官で「感じる脳」といわれる部分です[88.94]。

視覚情報は直観力や言語理解、計算、分析力を受け持って「考える脳」といわれる大脳新皮質に届けられるのに対して、嗅覚の情報は「感じる脳」に伝達されます。ですから嗅覚は、人間の感情に働きかける力が五感の中で最も強いのです。

ちなみに、愛おしいものに鼻をこすりつけたり頬ずりをしたりする行動をよく見かけますが、大切な判断は、実は、眼より皮膚であり鼻なのです。

香りは大脳辺縁系に到達したのち、その情報を分析する嗅覚野や自律神経を司る視床下部へ、さらにホルモンを分泌する下垂体に達します。このことから香りは本能を刺激すると同時に生命活動にも直接働きかけることがわかります。従って、ハーブの芳香をデザインできれば、ある種の症状改善や感染症予防などへの有効性が十分に予測できます。

Ⅳ-1-2　香りが体内に取り込まれる経路と効果

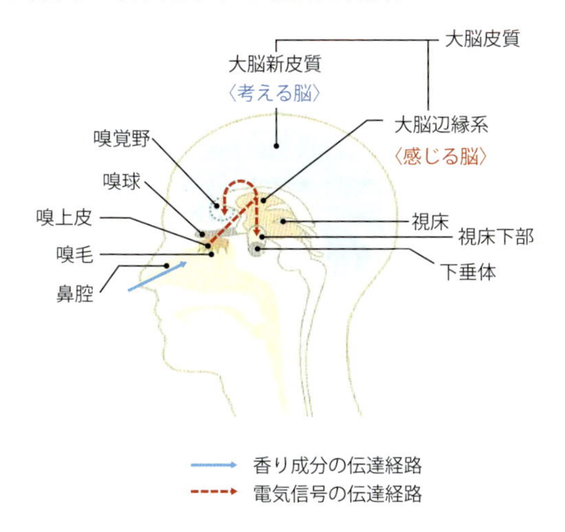

精油の化学成分が体内に取り込まれる経路には、①食して口から取り込む／②植物性オイルで希釈してマッサージ等の塗布により皮膚から取り込む／③香りを嗅いで鼻から取り込む、などがあります[2)]。過剰な摂取さえしなければ安全性は高いとされ、中でも匂いを受け取る経鼻経路は副作用を伴わないと考えられて、これを臨床への導入の手掛かりとすることが期待されています。
（現在、日本では精油自体を経口摂取することは差し控えています。）

精油は体内に取り込まれると以下の経緯で内服同様の効果をもたらします。
① 気体として空中に含まれた芳香分子を通常の呼吸によって体内に取り込む
② 芳香成分を含む葉や花弁に触れる、あるいは貼ることで、経皮吸収される
③ 嗅覚情報が脳を刺激し、生理反応を生じさせる

Ⅳ-1-3　植物はなぜ精油をつくるのか

植物にとって生命維持に必要な物質は、DNA、RNA、タンパク質、脂質、炭水化物などで、それは他のほとんどの生物と同様です。
もちろん異質な部分もあり、根茎や枝が生体を支えるためにはグルコース分

子の連なった巨大なセルロース分子がその役割を担っています。移動手段のない植物が自らを守るいくつかの手段として、トゲやセーター等の形態変化や、揮発性化学物質（精油）の生成があり、それはアレロパシーの一種と考えられます。植物は精油の消毒殺菌力などによって病虫害、外敵、空気汚染などに対抗しており、精油成分は自らの生命保持に関わる機能を備えているといえます[76]。

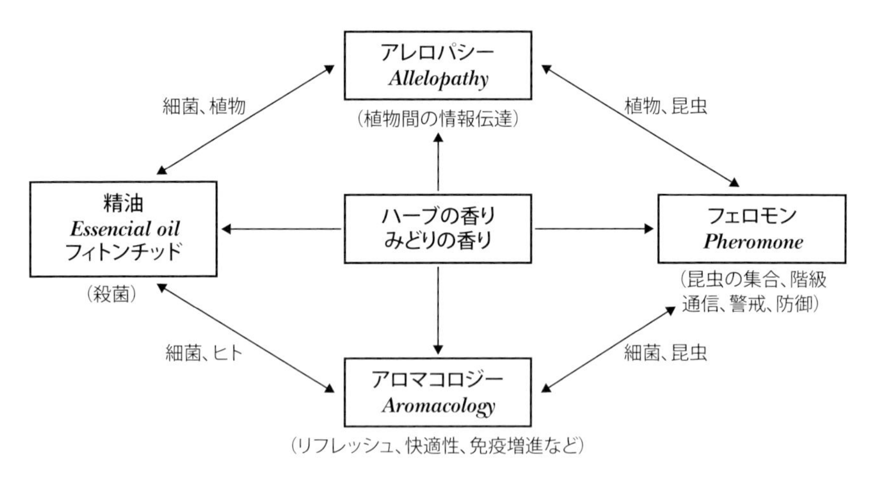

図Ⅳ-2　生態系における植物の香りとその役割
『進化するみどりの香り』を参考に作成

植物の働きを生態系の中で考えてみると上図のような連携が見え、植物から発せられる香りの多面性が明らかになります。次は精油成分を概観します。

Ⅳ-2　芳香植物に含まれる化学成分と作用

植物の代謝産物である揮発性の有香物質を精油（エッセンシャルオイル）といい、植物の花、蕾、葉、根茎、樹皮、材、果実、果皮、種子などの1～数か所の部位に貯蔵されている天然香料です。水素、炭素、酸素を中心に構成され、数十～数百の化合物を含みます[2)]。

天然香料として採取する場合、新鮮な花、葉、果実から主に水蒸気蒸留法や圧搾法によって得られたものを精油といいますが、溶剤抽出法、油脂吸収法、超臨界液体抽出法によって採取されるものもあります。ちなみに、1950～1960年代には、日本でもラベンダー、ゼラニウム、シソ、ハッカ、クスノキ、ベチバー（イネ科）等の精油が採取されていましたが、現在は北海道でごく少量のラベンダー、ハッカの精油が採油されているにすぎません。

香りに備わる効果についての研究は植物自体を扱う業界ではなく、医療機関や香粧品、食品に関わる研究所等によって進められ、実験データが蓄積されてきました。

心理学的手法が中心であった10年余り前に比べると、現在は生理学的手法を経て分子生物学的なレベルで解析がおこなわれる時期をむかえており、香りが心身に及ぼす影響について未解明であった部分は分子レベルで明らかになってきています。

水より軽く一般に水に不溶、常温で揮発性を示す精油のこの性質を、自然の風を味方に活用すべきでしょう[32)]。芳香植物を用いた植栽地に身を置き、歩く、佇む、座るなどの動作に伴って身体が植物と接触する時や、吹く風が葉を擦り合わせる時に、精油が空中に揮発・拡散し、成分が体内に取り込まれます。その作用のメカニズムは既述のように、直接細胞に作用する薬理効果と、嗅覚による脳刺激が作用する心理的・生理的効果の両方があり、それぞれに分けて考えられます。

一般に、薬理作用では、抗炎症、抗アレルギー、抗菌、抗ウィルス、抗酸化、抗不安、中枢鎮静、美白等が、心理的・生理的作用では、疲労感の軽減、作業性向上、ストレス緩和、免疫機能調整、自律神経系の調整、睡眠改善、鎮静および覚醒、皮膚の機能改善等について多数の報告があります。

緑の空間に身を置き、植物とじかに接する機会に、自律神経やホルモンのバランスを整える働きのある芳香に触れ、無理なくそれを体内に取り入れられるならば、未病対策や現代がかかえるストレス解消に、何らかの効果を期待できるに違いありません。

精油に含まれる主要な化学成分理解をどうぞ植物選びに役立ててください。

精油の化学構造と作用を以下の表Ⅳ-1、表Ⅳ-2にまとめました。

Ⅳ-2-1　精油に含まれる化学成分と作用

精油の化学成分の作用は大きく３つの傾向に分けられます。

鎮静させ、リラックスさせるエステル類、アルデヒド類、ケトン類（紫色）。心身共にバランスを調整するセスキテルペン類、セスキテルペンアルコール類、ラクトン類、フェニールプロパン類（緑色）。活気づけ、抑制された状態を解き放つような刺激を与えるモノテルペン類、オキサイド類、モノテルペンアルコール類、フェノール類（橙色）です[2,44)]。本稿で取り上げる化学成分の主な作用は以下のとおりです。

表Ⅳ-1　精油に含まれる主な化学成分と作用

化学構造の種類	化学成分	効能作用
エステル類	リナリルアセテート アンゲレート、ゲラニルアセテート ベンジルアセテート ベンジルベンゾエート ラバンデュリルアセテート シトロネリルフォルメート	高揚、神経バランス、神経強壮 抗痙攣、鎮静（神経）、抗真菌
ケトン類	メントン、イソメントン、カンファー ツヨン、カルボン、ピノカンフォン イソピノカンフォン、プレゴン シス-ジャスモン、ジヒドロカルボン	粘液溶解、鎮静 抗炎症細胞再生、免疫賦活 ※神経毒性有り
アルデヒド類	シトラール、シトロネラール ネラール、ゲラニアール	抗ウィルス、鎮静、抗炎症、強壮 血圧降下、抗感染、抗菌 神経強壮、殺菌消毒
セスキテルペン類	カリオフィレン、カマズレン アズレン、ファルネセン	抗炎症、血圧降下、鎮静 抗ヒスタミン、抗アレルギー
ラクトン類	クマリン	体温降下、粘液溶解、去痰

化学構造の種類	化学成分	効能作用
セスキテルペンアルコール類	スクラレオール、ビサボロール	神経強壮、エストロゲン様特性
モノテルペン類	ピネン、シメン、テルピネン リモネン、カンフェン、サビネン オシメン、フェランドレン、ミルセン	鎮痛、殺菌、鎮静、強壮 殺菌消毒、抗ウィルス
オキサイド類	シネオール、カリオフィレンオキシド ビサボロールオキサイド	粘液溶解、鎮咳、去痰 抗ウィルス、防虫
モノテルペンアルコール類	リナロール、ゲラニオール シトロネロール、シネオール テルピネオール、テルピネン-4-ol ネロール、フェニルエチルアルコール ボルネオール、メントール ネオメントール	強壮、神経強壮、免疫賦活 血管収縮、頭脳明晰化 殺菌消毒、消毒、抗ウィルス
フェノール類	チモール、カルバクロール オイゲノール、メチルカビコール ミリスチシン、メチルオイゲノール	殺菌消毒、抗感染、抗痙攣 消化促進、利尿、免疫賦活

Ⅳ-2-2　香りの効果を調べるために用いられている評価法の例

表Ⅳ-1 に示した精油に含まれる化学成分と作用については、現在、ヒトや他の動物に対してさまざまな効果の測定が進んでいます。参考までに、対象となる部位によって採用されている評価方法をまとめて以下に示します。（表Ⅳ-2）

表Ⅳ-2　芳香効果測定の評価法

		動物	ヒト
主観評価	心身・肌		○質問紙法 心理質問紙・睡眠質問票 月経随伴症状・更年期指数 肌状態質問紙 ○VAS法
客観評価	行動	○行動テスト：自発運動 忌避行動	○ビデオ観察法：表情変化 ○アクチグラム：睡眠覚醒リズム
	脳	○カルシウムイメージング法 ○微小電極法 ○*in vivo*マイクロダイアリシス法 ○プロテオーム解析 ○遺伝子操作	○脳波：事象関連電位・双極子追跡法 ○MEG ○PET ○fMRI ○NIRS
	自律神経系	○微小伝電極法	○心拍・血圧ゆらぎ解析 LF成分・HF成分 ○血中カテコールアミン測定 ○唾液中クロモグラニン測定 ○唾液中アミラーゼ測定
	内分泌系	○血中ホルモン測定 コルチゾール・ACTH	○血中ホルモン測定：コルチゾール ○唾液中ホルモン測定 コルチゾール・DHEA エストラジオール・プロゲステロン テストステロン
	免疫系	○免疫グロブリン測定：IgM ○炎症性ケモカイン サントカイン測定 サブスタンスP・IL-12	○リンパ球数測定 CD4/CD8 ○NK細胞活性測定
	皮膚		○静的パラメーター測定 角層水分量・経皮水分蒸散量 皮膚血流量 ○動的パラメーター測定 皮膚バリア回復能・寒冷負荷応答

注）（株）資生堂リサーチセンター報告による資料をもとに、筆者が作成。

Ⅳ-3　芳香植物の主成分と特性

Ⅳ-3-1　精油の主成分と効能作用の考え方

ここでは、選定したハーブに含まれる主要な化学成分の効能作用をまとめます。その方法については、「精油成分の持つ分子構造には二つの特性があり、ひとつは電子を引きつけるか与えるかの傾向であり、またもう一つの特性は、水との親和性の程度である」との見解を示したピエール・フランコム博士の考え方に従います[22,64]。

この考え方によって芳香分子を区分し図示してみると、電子を放出する傾向（求核性）が強い精油は図の上方に、電子を吸引する傾向（求電子性）の精油は図の下方に位置し、親油性（脂溶性）物質は右側に、親水性（水溶性）のものは左側に位置することになりまます。

精油の化学構造を「構造と効果」の座標軸（図Ⅳ-3）に配置すると、各々のハーブに特有の主要成分とそれによる主な効能作用の傾向が見えてき、化学構造の成分と作用を合わせると121頁（図Ⅳ-4、Ⅳ-5）のように図示することができます。

馴染み深いレモンバームやオレガノ、タイムなどの精油成分を例に図示の内容を説明します。レモンバームの主要成分であるシトラールはアルデヒド類に分類され、これは電子を放出し与える側（求核性）にあって、図Ⅳ-3では上から下への電流を作り出しています。オレガノやタイムに含まれるカルバクロール、チモールなどはフェノール類に分類されるため、図Ⅳ-3では下方に位置し、電子を取り込むための流れ（求電子性）を作り出します。

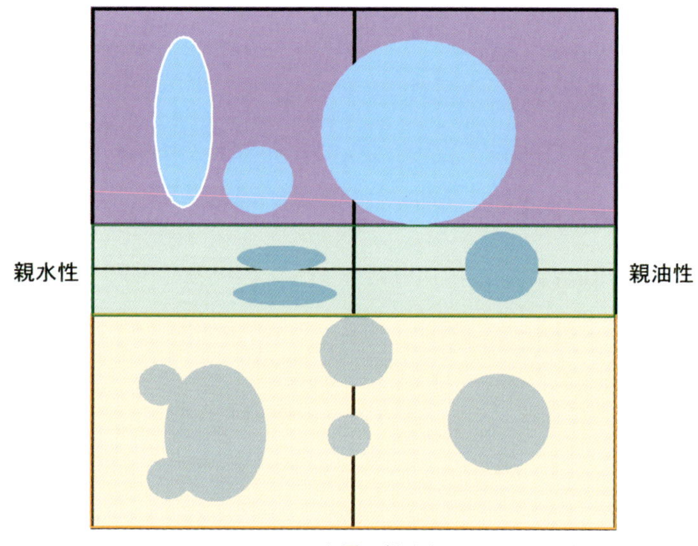

図Ⅳ-3　精油の構造と効果

精油の作用は概ね上図のように考えることができる。

図の上部（紫色）：求核性の高い化学成分はリラックスさせる作用、中間（緑色）に位置する化学成分は心身の状態を平衡化させる作用、下部（橙色）に位置する求電子性の高い化学成分は刺激性が強く、心身強壮の効果がある。

また、一般に、それらの各作用は身体的、精神的の両面に働く。

Ⅳ-3-2　化学成分の効能作用と座標化

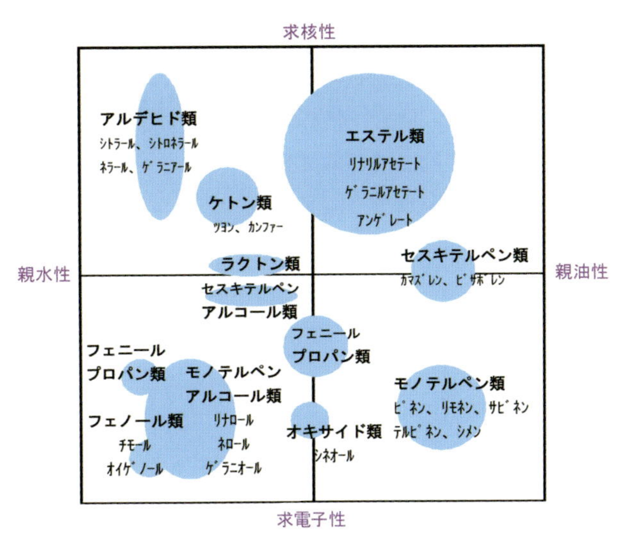

図Ⅳ-4　精油に含まれる化学成分

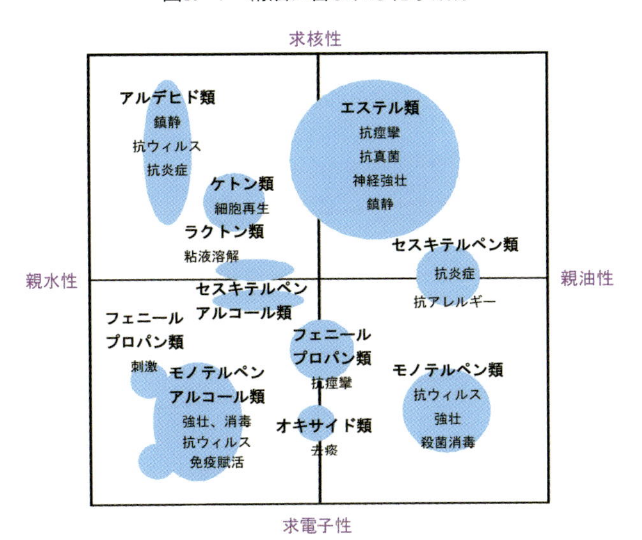

図Ⅳ-5　精油に特徴的な効能作用

『Advanced aromatherapy』
カート・シュナウベルト著1998年英語版を参考に作図

「構造―効果」図によって精油に含まれる化学成分の効能を示しましたが、これは一般的なガイドラインです。「一般的な」といわざるを得ない理由はハーブが生きた植物であり、原産地を離れても順応し、栽培が可能であることと関連します。実際、学名が同じであっても生育する環境や条件が異なると香りに違いが生じ、また、採取時期、時間、抽出法によって主成分は同じでも精油成分の含有バランスや香りの濃度は変わる可能性があり、厳密には精油の香りに違いが生じるのです[60)]。精油メーカーによってはガスクロマトグラフィーによる分析結果を示していますが、天然であれば、その数値が毎年安定していることはむしろ不自然です。調香やアロマテラピーに用いる精油ではこうした差異が問題になることもありますが、ここでは空間に植物の芳香機能を活用しようとするものですから、一般によく知られるハーブについて香りの成分バランスを図示しています。

まとめ Ⅳ

精油の主な化学成分と作用を図示し（図Ⅳ-4、Ⅳ-5）、次に丈夫で人気のある 29 種のハーブ類に含まれる化学成分と作用を分析しました。さらに、ハーブが植栽された公園緑地、風や接触によって生じる香りがヒトに与える影響を想定して、含まれる成分の効能を 3 グループ（鎮静〈紫〉、バランス〈緑〉、強壮・刺激〈橙〉）に分類しました。効能の傾向は図Ⅳ-6 に示した通りで、「構造ー効果図」を活用すると各ハーブの主要成分の位置は単純化され予測しやすくなります。実際は混植によって化学成分が相乗的に活性化し、豊かな香りが私達に届きます [92)]。

ハーブの芳香成分と作用を比較検討することによって、公共性の高い緑地空間は新しい需要が生まれる可能性があります。効能に対する基本的な植栽候補は以下のように考えると便利です。

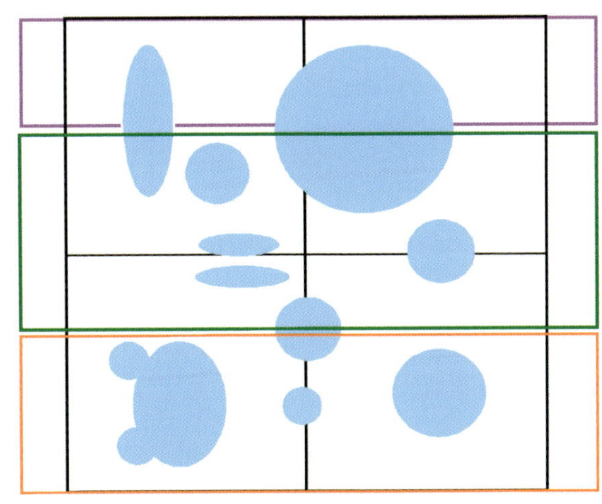

図Ⅳ-6　精油の構造と効果

<鎮静;リラックス効果>
キャットニップ、クラリセージ、コモンセージ、ジャーマンカモマイル、スペアミント、ペパーミント、ペニーロイヤル、マージョラム、ラベンダー、ラバンディン、レモンバーム、レモングラス、レモンバーベナ、ローマンカモマイル、ローズゼラニウム

<バランス効果>
ウィンターセーボリー、クラリセージ、コモンセージ、ジャーマンカモマイル、ペパーミント、マージョラム、ヤロー、レモンバーム、ローズ

枠内の一覧では、相反する作用位置に（コモンセージのように紫「リラックス」と橙「強壮・刺激」）同じ植物名が記されている場合がありますが、それは、複数含まれる主要成分の働きによって平衡的な作用と拮抗的な作用を備えることによるのです。ここでは複数の働きを表記しています。

その結果、右に示したように主要成分の効能の傾向から芳香植物を類型化することができ、この分類の活用によってアロマランドスケープデザイン（Ⅴ参照）のための新たな視点が生まれると考えます。

＜強壮・刺激効果＞
ウィンターセーボリー、オレガノ、キャットニップ、クラリセージ、コモンセージ、ジャスミン、スイートバジル、スペアミント、タイム、パセリ、マートル、ヒソップ、ペニーロイヤル、ペパーミント、ヤロー、ラベンダー、ラバンディン、レモングラス、ローズマリー、ロシアンタラゴン、ローズゼラニウム、ローズ、ローレル

V　公共空間に植物の芳香効果を活用するためのデザイン手法

本章では実際に植物の芳香効果を活かす植栽デザインの方法を示します。

植物の芳香機能を活用した植栽計画では、

（1）利用者の身体に葉が触れ、芳香成分が発散しやすい生育形、形状のハーブを選定する。

（2）改善を望む症状と精油成分の作用とを照らして適切な芳香植物を選定する。

などが必要になります。

これらの条件を満たすには、（1）についてはⅢが、（2）についてはⅣがその資料となりますが、芳香成分の効能作用の傾向をさらに簡易に読み取れれば植物の選択が容易になり、計画時に適切なハーブを取り入れやすくなります。ここでは前節で扱った29種の主な香り成分の位置をモジュール化し簡略に表現することを試みます。

次に、「構造—効果図」をもとに作成したモジュール図を用いて、予防医学的、あるいは空間のQOLを高めるための緑化のデザイン手法について例示、検討を行います。モジュール化によって有効な成分の位置が明示されるため、症状に対して必要な効能作用エリアが明確になり、適切な植物の選定が容易になります。

現代人の多くが抱えるとされる症状のなかから、「1. 不眠症、2. 呼吸器系の不調、3. 精神的ストレスなどの改善」を目的に、症状に対応する植物選択の手順とともに、配置計画部分図も例示します。

V-1　ハーブの効能作用とモジュール図

日本で栽培可能な芳香植物（ハーブ類）について精油の主成分と効能を分類したことで、心身の調整に関わる精油成分が示され、症状改善を目的としたハーブ類の組み合わせ予測が可能になります[8.30.65]。

ここではその結果をさらに単純化し、各ハーブの作用を視覚的に捉えられるよう試みました。「構造―効果図」のモジュール化によって有効な成分の位置が明示されるため、症状に対して必要な効能作用エリアが明確になり、適切な植物の選定が容易になります。

Ⅳ-1-1　モジュール化の手順

モジュール化に当たっては、「精油の主成分と効能作用の考え方」（Ⅳ-3-1)、「化学成分の効能作用と座標化」（Ⅳ-3-2）をもとに各ハーブに含まれる精油の主成分とその特性を抜き出し、３分割した「構造―効果図」に振り分けました。荒っぽい手法ですが、公共空間に香りの効能を活用する場合に、医療行為とは別次元の「リラックス」「リフレッシュ」「心身のバランス」などへの対応を優先しました。全ての精油には消毒力があり、殺菌力や抗ウィルス作用を備えたハーブもあることはⅣに示したとおりですが、モジュール図においてはリラックスに対応する「鎮静」、リフレッシュに対応する「刺激・強壮」、および図の中間帯に示される「心身バランス」、の３作用を構成要素とします。

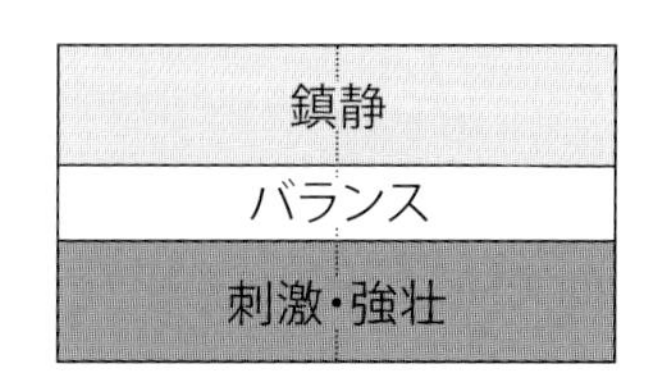

Ⅳ-3 に示したように、図の上部に位置する電子を放出する傾向を持つ化学成分は鎮静させリラックスさせる作用があります。図の下部に位置し、電子を吸引する傾向の強い化学成分は、刺激作用や強壮作用があり、一般にリフレッシュさせる香りです。図の中程に位置する化学成分の香りは位置関係に等しく、

精神的にも肉体的にもバランスを整える働きを持ちます。

29 種の芳香成分の効能特性をモジュール図によって表わすと図V-1 のように表示でき、主要成分（図の■）の配置が明解になります。

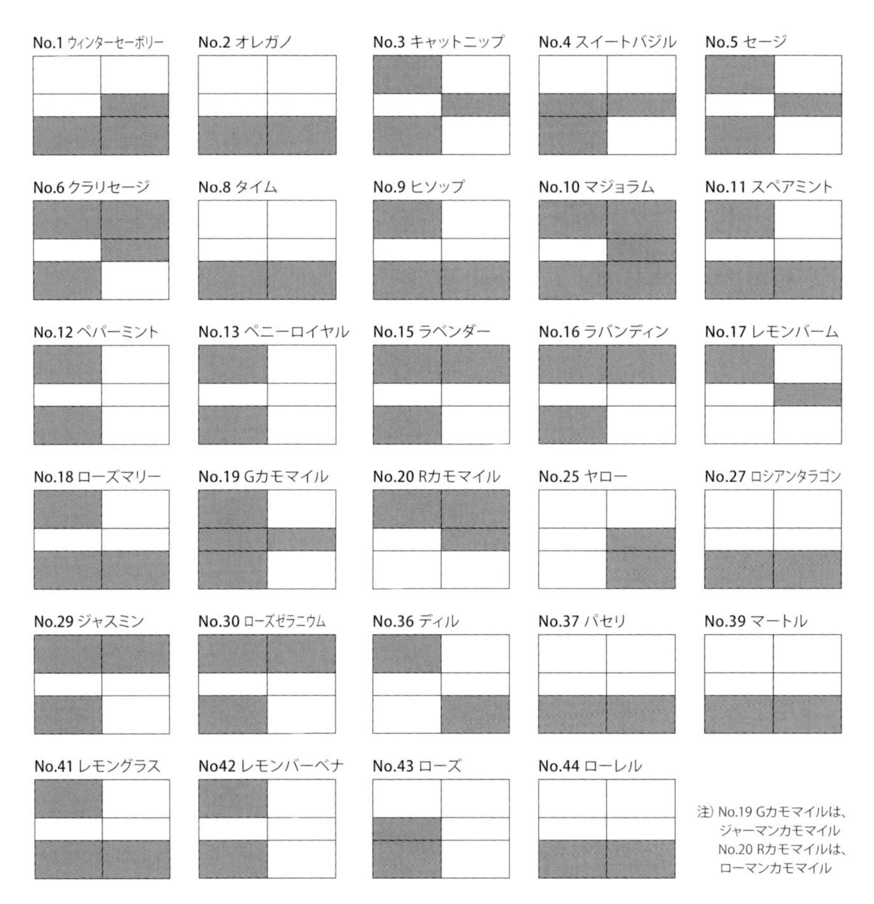

図V-1　効能モジュール

Ⅳ-1-2　ハーブ選定の手順

症状改善の目的にそったハーブの選定は次のような手順で行います。

1）改善を望む症状の確認：風邪の諸症状を事例とした場合

＜症状＞　発熱、頭痛、咳、鼻水

2）1）を改善するための効能作用の確認

＜必要な効能＞　解熱、鎮痛、去痰、消毒・殺菌、免疫力強化

＜効能のための作用＞　鎮静、鎮痛、刺激、強壮

3）図中における2）の作用をもつ成分の位置を確認

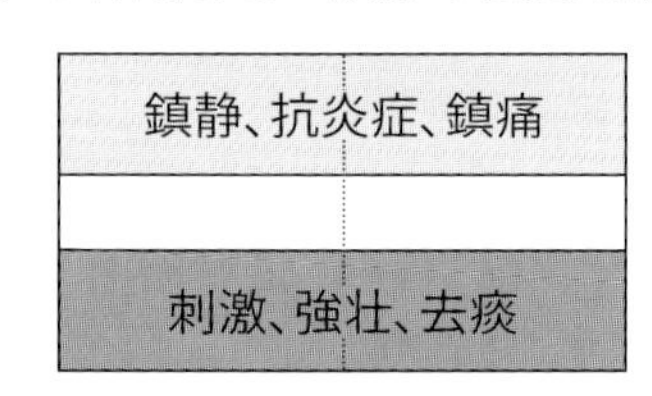

4）主成分の位置をモジュール図と対応させて該当のハーブ類を選択

＜必要な成分を含むハーブ類＞

キャットニップ、セージ、クラリセージ、マージョラム、スペアミント、ペパーミント、ペニーロイヤル、ラベンダー、ローズマリー、ジャスミン、ローズゼラニウム、レモンバーベナなど

5）草丈、草姿、テクスチャーごとに複数のハーブを選択し、接触による香りの発散を想定して配植

上記の手順にそって「1. 不眠症」、「2. 呼吸器系の不調」、「3. 精神的ストレス」を改善するための芳香植物による配置計画を次頁以降に例示します。

1. 2. の配置図では No.1〜No.65 に選定した植物を用いたもの。3. の配置図に対応させた部分図面は日本女子大学屋上庭園の事例を使用しました。

草本類の植栽計画ではヒトの視野と植物の距離との関係を重視する必要があります。そぞろ歩く時やベンチに腰掛けてくつろぐ時に、何が見えるのか、また、気付くのか。その時に目に入るものが図面に記されている必要があります。効能を期待する場所の図面の作成には 1/200 縮尺図ではなく、ヒューマンスケールや使用する植物株を意識できる 1/20〜1/50 程度の縮尺図で植栽空間を検討することが望まれます。

V-2　芳香成分をいかすハーブの選びと配置計画

Ⅳ-2-1　不眠症を改善するためのハーブと配置計画[60.91]

不眠症を改善するには、精神的な高ぶりを抑えリラックスさせると共に心と身体のバランスを取り戻すことが必要になります。そのためには 29 種の「構造―効果図」120 頁、123 頁に示したように、主要成分が中段および上段に位置するハーブの選定が好ましく、主成分が下段に示されている刺激性の高いハーブ類はなるべく選ばないことが基本です。以下の 10 種類のハーブが候補です。

足元にはタイム、Ｒ．カモマイルなどの背丈の低いもの、20～30㎝ほど奥にマージョラム、Ｇ．カモマイル、ローズゼラニウムなどを植えます。隣接する植物同士の葉の形状やテクスチャーが類似していないことが互いの葉の接触を増やし、精油の蒸散に有効です。園路から 60～70㎝奥の植栽には、草丈Ｍ～Ｌの中から必要成分を含有するハーブを選びます。

表V-1　不眠症を改善するためのハーブ

No. ハーブ名	効能 モジュール	草丈	不眠症 改善	精神 バランス	神経 鎮静	抗うつ	心身 バランス
43 ローズ		L/LL		○		○	○
42 レモンバーベナ		L/LL			○	○	○
15 ラベンダー		M	○	○	○	○	
12 ペパーミント		S/M		○	○		○
30 ローズゼラニウム		M		○		○	○
19 G.カモマイル		M		○		○	

No. ハーブ名	効能モジュール	草丈	不眠症改善	精神バランス	神経鎮静	抗うつ	心身バランス
20 R.カモマイル		S		○	○		
10 マージョラム		S/M	○	○	○	○	
17 レモンバーム		S/M	○		○	○	○
08 タイム		GC/SS		○		○	

芳香植物を用いた不眠症改善のための配置計画例

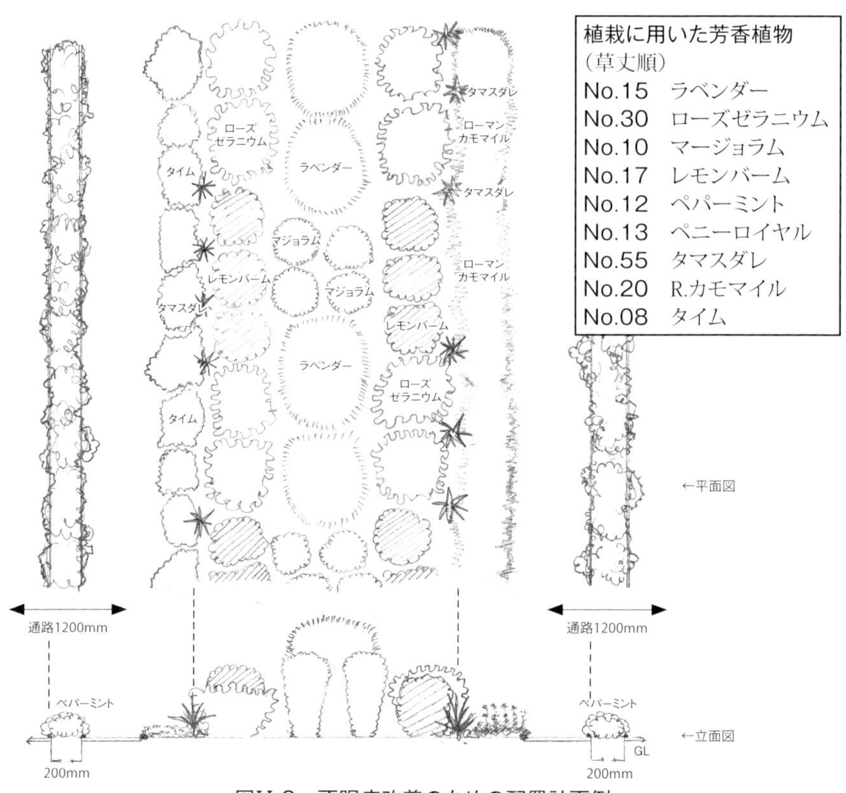

図V-2　不眠症改善のための配置計画例

植栽計画の手順

1 表V-1から、草丈と葉の形状に配慮してハーブを選択する。
ここでは、7種のハーブと、個性的な葉形のタマスダレを選定。

2 タイム、レモンバーム、マージョラム、R.カモマイル、ローズゼラニウム、ラベンダー、ペパーミント、ペニーロイヤル、タマスダレの9種を用いる。

3 草丈は通路側から奥に高く、隣り合う植物の葉形は異なるように配植。

4 園路幅は1,200㎜を基本とし、2名が並んで歩くことを想定して、散策する人々の身体に植物が触れやすく計画する。歩行者の足元に位置する通路の中央部には、幅200㎜程度の植栽帯を設け、踏圧に耐えるハーブを列植する。

5 歩行時の接触によって芳香を放つハーブとして推奨されるのは、強健で香りが強い、ペパーミント、R.カモマイル、ペニーロイヤル、クリーピングタイムなど。

6 ここではペパーミントを用いたが、生育旺盛な上にシュート（匍匐茎・匍匐根）を出して繁茂し、土壌の劣化を促進することも多い。そのために、他のハーブと同じ敷地に植える場合は注意を要し、前頁のように、まとまった植栽から離して別のエリアを設けることが望ましい。

V-2-2　呼吸器系の不調を改善するためのハーブと配置計画[67.83]

呼吸器系の症状改善には抗炎症、鎮静、殺菌・消毒、鎮咳・去痰、免疫賦活などの作用が必要です。これらの効能を備えたハーブを選定するために「精油に含まれる化学成分と作用」（表Ⅳ-1）、「構造―効果図」（120頁、123頁）を参照すると、モノテルペンアルコール類、ケトン類、オキサイド類が対応することがわかります。呼吸器系疾患の症状改善に有効なハーブは以下の14種が考えられます。

表V-2　呼吸器系の不調を改善するためのハーブ

No. ハーブ名	効能モジュール	草丈	抗炎症	鎮静	殺菌消毒	鎮咳去痰	免疫賦活
18 ローズマリー		M/L			○	○	○
16 ラバンディン		M/L			○	○	
15 ラベンダー		M	○	○	○		
25 ヤロー		M/L	○	○	○		
19 G.カモマイル		M	○	○	○		
09 ヒソップ		M/L	○	○	○	○	
05 コモンセージ		M			○		○
03 キャットニップ		M		○	○		
12 ペパーミント		S/M	○		○	○	
11 スペアミント		S/M	○	○	○	○	
02 オレガノ		S/M	○		○		
27 ロシアンタラゴン		S/M			○	○	○
13 ペニーロイヤル		S			○	○	○
08 タイム		GC/SS			○	○	

芳香植物を用いた呼吸器系の不調を改善するための配置計画例

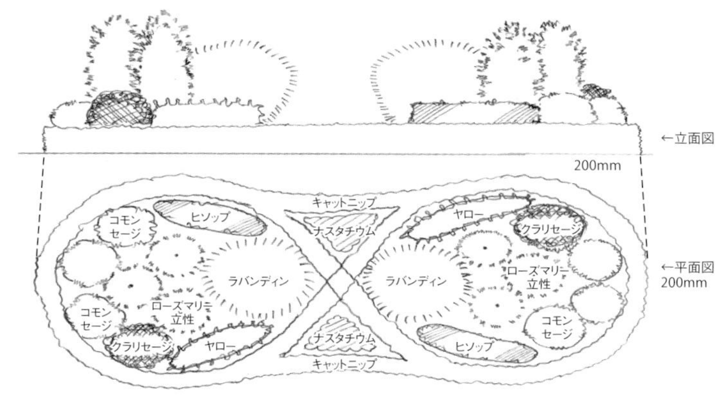

図V-3　呼吸器系の不調を改善するための配置計画例

植栽計画の手順

1　表２から、草丈と葉の形状に留意して主要なハーブを選択する。ここでは、6種のハーブと個性的な葉形のクラリセージ、ナスタチウムを選定。

2　症状改善に有効と思われるローズマリー（立性)、ラバンディン、クラリセージ、ヤロー、ヒソップ、コモンセージ、キャットニップ、ナスタチウムの８種を用いる。

3　草丈は通路側から奥に高く、隣り合う植物の葉形は異なるように配植する。

4　およそ4,500㎜×2,000㎜の楕円形の植栽パターンを点在させる計画。園路幅は特に定めず、来園者は配置された複数の楕円の間を自由に縫うように散策する。四季の草花や、ハーブと草花・低木との混植による楕円は、場に華やかさとリズムを生みだす。

5　不眠症改善のための植栽計画案のように園路中央部に植栽帯を設ける場合は、多様な空間構成と香りの効能を楽しむことができる。その場合はヤロー、ヒソップ、キャットニップなどの他、ひざ丈のハーブのうちから、親しみやすい香りや人気のあるレモンバームやミント類を選んで植栽する。

植栽に用いた芳香植物
（草丈順）

No.15　ローズマリー（立性）
No.16　ラバンディン
No.25　ヤロー
No.09　ヒソップ
No.06　クラリセージ
No.05　コモンセージ
No.03　キャットニップ
No.08　ナスタチウム

V-2-3　精神的ストレスを改善するためのハーブと配置事例[23,67]

現代人が抱えるストレスには多くの原因が考えられますが、香りによって心身のバランスを取り戻そうとする場合には、爽快感を与え、心を穏やかに鎮静させる香りを備えたハーブを選ぶ必要があります。V-2-1, V-2-2 の症状改善のための手順と同様に、期待される効能のある成分を備えたハーブを「構造—効果図」「モジュール図」から探すと、主要な成分が中央部分にバランスよく配置されているものを拾い出すことができます。精神的な安定を求めるには図表においても上下左右の全体的なバランスを重視することが望ましいわけですから、総合的には以下の 15 種類の組み合わせが考えられます。

表V-3　精神的ストレスを改善するためのハーブ

No. ハーブ名	効能モジュール	草丈	精神バランス	神経強壮	高揚	鎮静	心身バランス
18 ローズマリー		M/L	○	○			
42 レモンバーベナ		L/LL	○			○	○
41 レモングラス		M/L	○			○	○
06 クラリセージ		S/M		○	○		○
15 ラベンダー		M	○			○	○
11 スペアミント		S/M			○	○	○
30 ローズゼラニウム		M		○	○		○
19 G.カモマイル		M	○			○	○

No. ハーブ名	効能モジュール	草丈	精神バランス	神経強壮	高揚	鎮静	心身バランス
01 ウインターセーボリー		S	○	○			○
20 R.カモマイル		S	○			○	○
10 マージョラム		S	○			○	○
17 レモンバーム		S/M	○			○	○
37 パセリ		SS				○	
＊ タイム（レモン）	——	GC/SS	○				○
29 ジャスミン		つる性/LL	○		○	○	○

（注）表V-1、表V-2、表V-3では、植物の草丈・樹高の高いものを上方に記載し、下方に草丈の低い植物を表記した。
※G.カモマイルはジャーマンカモマイル、R.カモマイルはローマンカモマイルを示す。

「屋上」という特殊事例の場合：精神的ストレス改善のための配置計画

水鉢とガゼボの中心を結ぶラインで図面は概ね線対称になり、植栽パターンにも対称の要素を入れた形式をとる。屋上の排水勾配に応じて地盤の水分量が変化するために、植物の適性に留意して選定した。

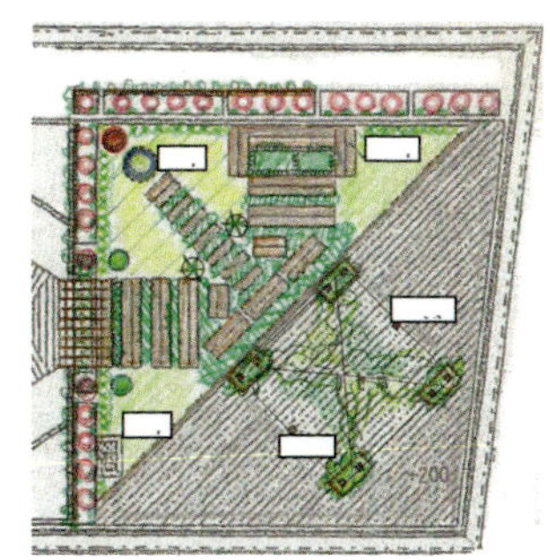

日本女子大学屋上庭園（部分）：想いの庭　約80m²

図V-4　精神的ストレス改善のための配置計画事例

1

屋上庭園の南側奥に位置する「想いの庭」は、空と植物に包まれる静かな空間である。周囲に 450H のコンテナを設置し、ウッドフェンスを背景に常緑樹 1800H を植栽した。この屋上の生け垣は周囲の緑地と一体化する。

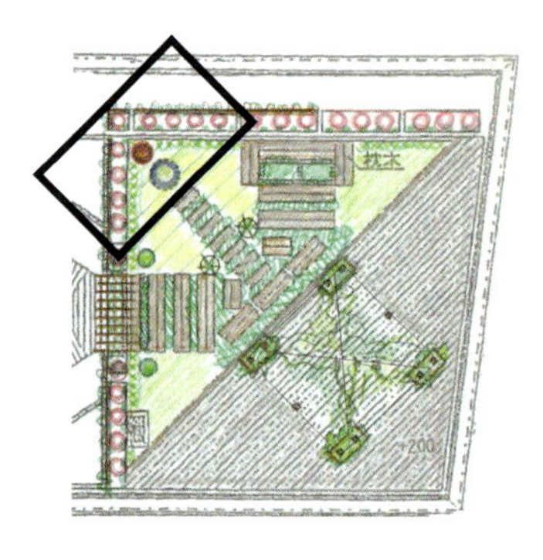

植栽に用いた芳香植物（草丈順）
ベニバナベニバトキワマンサク
モミジ（アオシダレ）
ハイビャクシン（ウィルトニー）
斑入りビンカマジョール
斑入りヤブラン
イワダレソウ
スイレン
No.58　ハニーサックル（登攀）
クレマチス
ビナンカズラ

2

ガゼボ中心から水鉢に向かって進むと足元から一歩毎に昇る香りを楽しめる。グランドカバーのハーブ類は枕木の間に植え、踏圧から保護している。

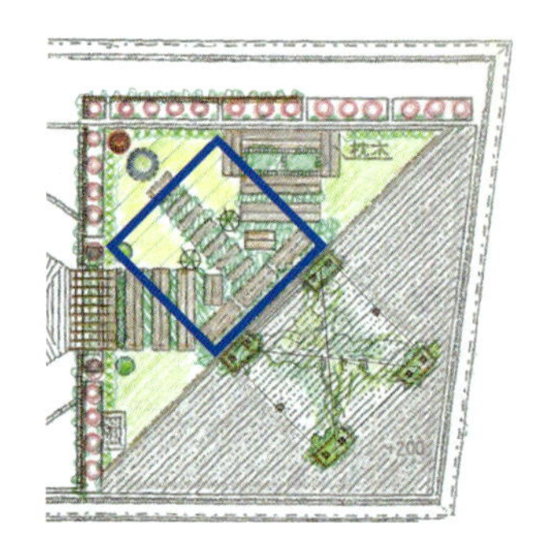

植栽に用いた芳香植物（草丈順）
No.45　アガパンサス
No.41　レモングラス
No.8　タイム（クリーピング）
シバザクラ
ヒメツルソバ

3 段差のあるレイズドベッドは数種の個性の異なるハーブ類を植えた香りと触感を楽しむ場。園芸療法的な立場からの活用と管理が可能。

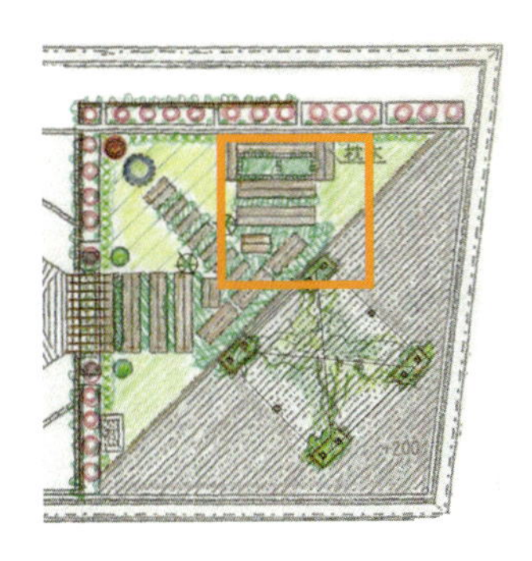

植栽に用いた芳香植物（草丈順）
No.30　ローズゼラニウム
No.31　プリンスルーパートゼラニウム
No.35　ペパーミントゼラニウム
No.18　ローズマリー（下性）
No.11　アップルミント
No.17　レモンバーム
オレガノケントビューティー
（*No.2）
ワイルドストロベリー

4 図面左の「ひなたぼっこのエリア」から異空間の「想いの庭」へ入るゲートは豊かに茂るつる植物の仕切。両脇のレモングラスに触れながら中に入り、枕木の間に植えられたタイムや水場周辺のR.カモマイルを踏みしめるとレモンやリンゴの香りが立ちのぼり、体感しながらガゼボへ向かう。

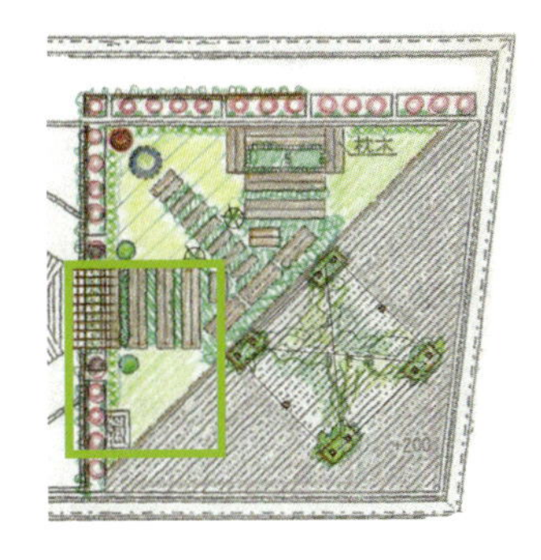

植栽に用いた芳香植物（草丈順）
ハツユキカズラ（登攀）
クレマツスアーマンディ（登攀）
シルバープリペット
リュウキュウツツジ
No.58　ハニーサックル
No.29　ジャスミン
No.41　レモングラス
No.8　レモンタイム（匍匐性）
No.20　R.カモマイル

5 ガゼボの柱下部にはベンチと連携したコンテナを設置。数種の登攀性のつる植物が屋根に向かって絡まり、花の時期には香りで包まれる。
コンテナには、匍匐性、下垂性のハーブ類を混植し、ベンチに座って葉の感触と香りの両方を楽しむことができる。

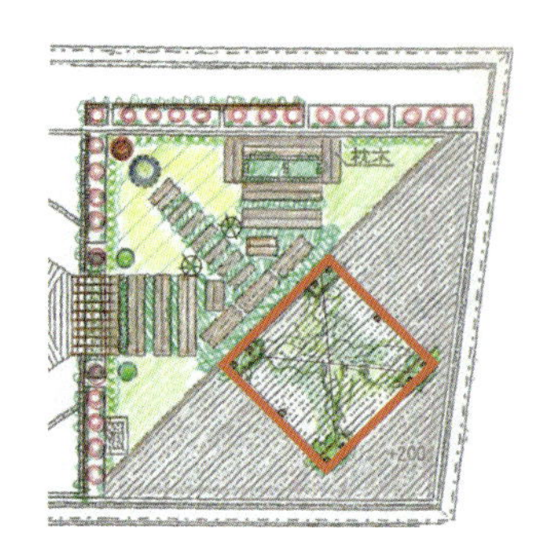

植栽に用いた芳香植物（草丈順）

No.29　ジャスミン（登攀）
No.58　ハニーサックル（登攀）
クレマチス（登攀）
ナツユキカズラ（登攀）
モッコウバラ（登攀）
オレガノケントビューティー（*No.2）
No.18　ローズマリー（下垂性）
No.30　ローズゼラニウム
No.21　カレープランツ
No.35　ペパーミントゼラニウム
No.57　ナスタチウム
レモンタイム（*No.8）
ワイルドストロベリー

槙島みどり／香りを空間にデザインする　5

V-2-4　日本女子大学屋上庭園——参考資料
—日本女子大学低層棟の屋上庭園：芳香植物を取り入れた計画の場合—

日本女子大学には、芳香植物を取り入れた屋上庭園がある。

折り込み頁に平面図を示すが、以下に計画時の考え方を示した。

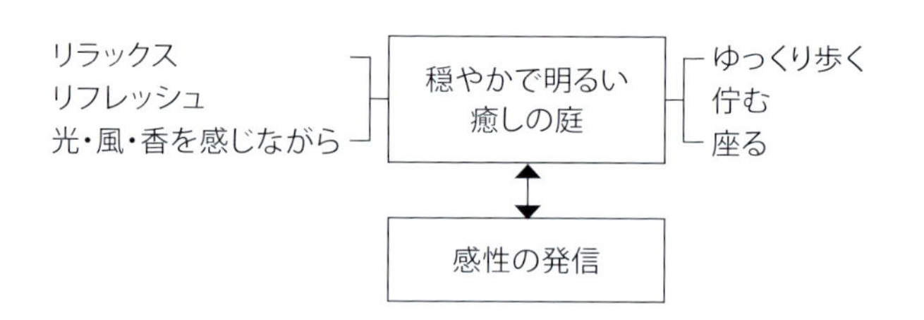

日本女子大学屋上庭園の位置付け：有用植物を用いた香る庭

この屋上庭園の植栽計画は、古来、我々の身近に育ち日々の暮らしに役立ててきた植物（和・洋のハーブ類）を中心に行った。

飲食、医薬、美容、防腐、消毒、染色、クラフト、アロマテラピーなどに活用されてきた歴史をふりかえり、各学部がこの庭を使いこなしてほしいという設計の意図がある。園芸セラピーの要素を加えたセンサリーガーデンを兼ねており、ここを訪れる人々がそれぞれの楽しみを見つけ、それを受け取ってくれることを願っている。

４つのエリアに分けた庭

「野原のエリア」、「語らいの場」、「ひなたぼっこのエリア」、「想いの庭」とし、その上で、これらの庭全体の特徴は以下のように計画した。

・園芸セラピー：センサリーガーデン

・循環の庭：エコガーデン

・五感刺激：ヒーリングガーデン

・園芸福祉：ユニバーサルガーデン

設計　時代背景と大学の個性を反映した計画のキーワード

・多様性　　・エコロジー　　・共生　　・調和

総合大学の各学科との関連　学科の特徴に合わせた素材や植物をデザインに反映

・食物学科：ハーブ、エディブルフラワー、果樹等
・福祉／心理学科：センサリーガーデン、ユニバーサルデザイン
・文学部：シェイクスピア、源氏物語、枕草子、万葉集などに登場する植物
・住居学科／生物学科：暮らしの場面に使用する植物
・児童学科：童話に出てくる植物

デザイン要素　五感刺激を重視

・色　　さわやか／穏やか／静か
・動　　鳥・蝶を呼ぶ
・風　　揺れる／なびく／ざわめく
・光　　明るさ／あたたかさ
・香　　芳香浴
・緑量　立体的／流動的

メンテナンス　省力化や屋上の気象条件への対処法を以下のように留意

・乾燥に耐える植物：高い位置に植える。
・湿潤に耐える植物：低部、通路際に植栽する。
・使う庭：収穫することで剪定、整枝の管理を兼ねる。
・コンパニオンプランツ：ハーブを使い環境共生型の病虫害予防に配慮。
・自動潅水装置の設置：高低差による穴数、配管、配置幅の変更。
・軽量土壌の使用：真珠岩パーライトに適切な肥料をエリアごとに混入。
・レイズドベッド：作業性と観賞性を兼ね、植物との接触を増やす。

「使う庭」、「使いこなす庭」

リラックスし、リフレッシュするための休憩の場を、「使う庭」あるいは「使いこなす庭」と考え、管理の基準の指示を簡略化するために整形式のデザインを試みた。多様な使い道のあるハーブ類を足元や手の触れる位置に配植し、各学部の個性をデザインに取り入れた。

Design Drawing

日本女子大学　屋上庭園　時の庭
設計：槇島みどり

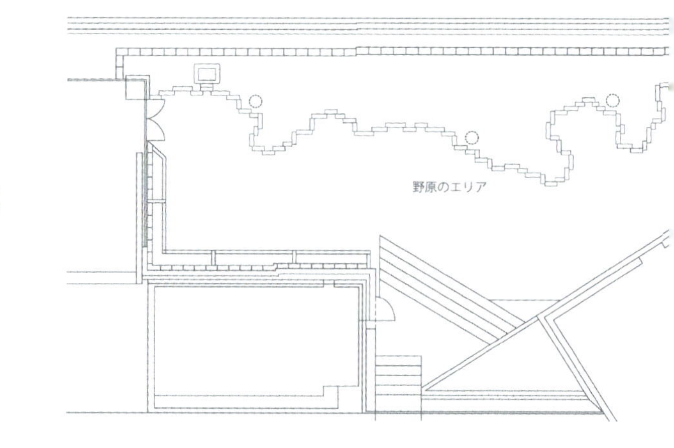

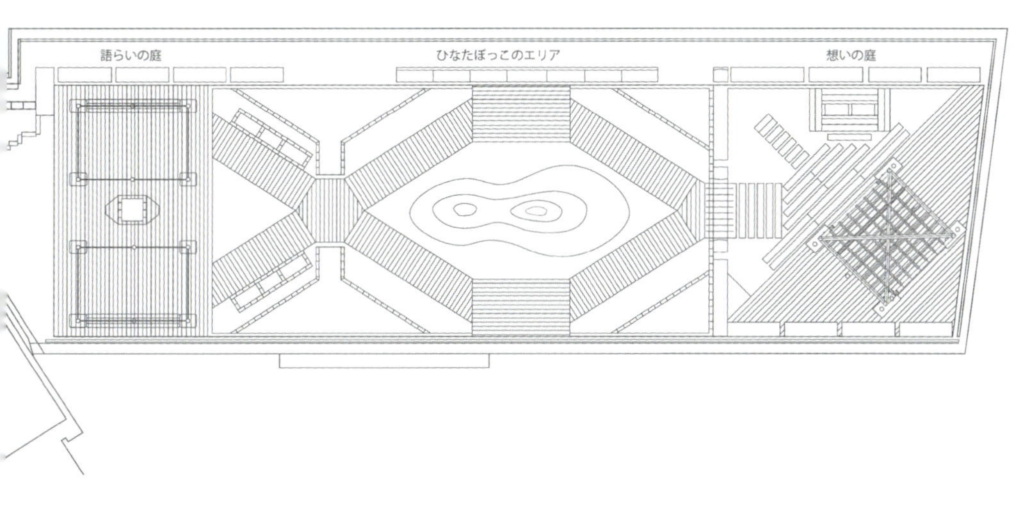

語らいの庭
ひなたぼっこのエリア
想いの庭

V-3　ガーデンデザインにおける芳香植物の組み合わせ

香り成分の有効利用にふさわしい植栽計画に当たっては、ヒトの動作や触れ合い方を考慮しなければなりません。「座る」、「歩く・踏む」、「佇む・感じる」、「触る」動作を基に接触しやすい植栽パターンを見つけようと思いますが、それぞれの動作や態勢によって身体のどの部位がどのように植物と触れ合うのか、また、その場合にふさわしい植栽スタイルは、そして、効果的な組み合わせは何が良いのか。それらについて、以下のような視点に留意し、具体的事例を用いて類型化を試みます[89)]。

・人体のどの部位が接触するか
・動作に伴う接触を目的とした場合の適切な植栽スタイル
・芳香成分の発散を効果的にするために必要な植物の形態特徴
・芳香植物の香りを効果的に取り入れるために有効な設備とガーデンファニチャーの種類

すでに植物の高さを「GC、SS、S、M、L、LL、つる性」に、その生育した株型を「❶〜❽」に分類しました。これを利用すると、動作に伴ってヒトと植物が触れやすくするために必要な高さと株の外形的特徴を生かした植栽配置が予測できますので、それぞれの場合について略号を用いて説明します。

V-3-1　座る

配置計画に用いる植物の高さと株型外形の組み合わせ（通路脇植栽の横断的表記）

GC、SS、S、M、つる性　　❶-❸-❼-❽　❺-❶-❷　❶-❻-❸-❼　❺-❻-❽

動作に伴う植物との接触部位と可能性

足元／膝下／手腕／掌／頭部

・ベンチ下や通路沿いの植栽に足先や脚部が触れて香りが漂う。

・ベンチの両側にS～Mサイズのハーブがあり、手を伸ばすと香りが漂う。

・登攀性つる植物の開花によって風が香りを運ぶ。

必要な設備

ベンチ、ウッドデッキ、パーゴラ、レイズドベッド

日本女子大学屋上庭園（東京）

<植物の生育形態❶～❽>

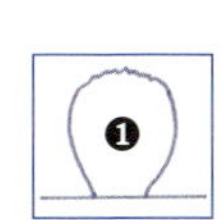

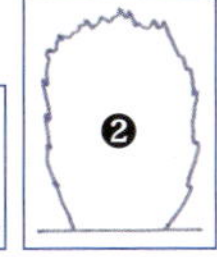

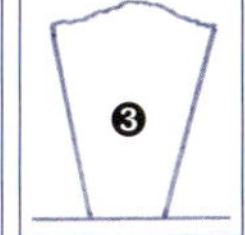

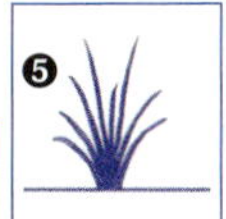

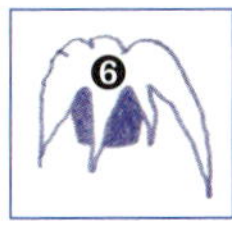

❼つる型

❽木本型

V-3-2　歩く・踏む

配置計画に用いる植物の高さと株型外形の組み合わせ

GC、SS、S、M、L、つる性　❹-❶-❷-❸　❶-❸-❷　❹-❺　❹-❺-❻-❼

動作に伴う植物との接触部位と可能性

足裏／脚／手腕／掌／体側

・歩行中、膝・手腕・掌・体側が高さの異なるハーブに触れることにより、芳香成分がブレンドされて効果的に作用する。

・枕木の間に植えた踏圧に耐えるグランドカバー類からは香りが立ち昇る。

必要な設備

ウッドデッキ、ガゼボ、パーゴラ、ウッドフェンス、登攀用支柱

集合住宅の園路・庭（千葉）

日本女子大（東京）

V-3-3　佇む・感じる

配置計画に用いる植物の高さと株型外形の組み合わせ

GC、SS、S、M、L　❶-❸-❷　❶-❹-❺-❽

動作に伴う植物との接触部位と可能性

脚／手腕／掌／体側／頭部

・直接に手腕、脚、体側が触れない場合も風が香りを運ぶ。

・光の角度がテクスチャーの個性を鮮明に印象付ける。また、光の作用がおだやかな心理効果を生む。

必要な設備

ウッドデッキ、手摺り

チェア／スツール、寄せ植え用コンテナ、登攀用支柱

レストラン（山梨）

V-3-4　触れる

配置計画に用いる植物の高さと株型外形の組み合わせ（通路脇植栽の横断的表記）

S、M、L、つる性　　❹-❶-❺-❼-❽　❺-❹-❶　❺-❹-❸　❶-❷-❸

動作に伴う植物との接触部位と可能性

手腕／掌／体側／頭部

・登攀性つる植物の開花によって香りが漂う。

・レイズドベッド（立ち上がり花壇）は植物とヒトの距離を縮め五感刺激が明確になる。

・施設としてのレイズドベッドは管理時の身体への負荷を軽減する。

必要な設備

レイズドベッド、チェア／ベンチ、テーブル、ガゼボ、パーゴラ、登攀支柱、ウッドデッキ

国営えちご丘陵公園（新潟）

日本女子大学屋上庭園（東京）

V-4　芳香植物を活用したガーデンデザインの公共的機能と類型

植物の生育特性と芳香成分の効能の理解の上に、前節では香りの機能を公共空間に活用するための基本的なデザイン法を示しました。ハーブの特性を効果的に、かつ積極的に活用するためには次のような留意点が必要です。

- 機能性の高い精油を含む。
- 暮らしの中で培われてきた用途が継承されている。
- 五感を刺激する（色彩、形状、触感、風味、葉音、香り）要素を備えている。
- 生育株がヒトに程良い印象の香りを放つ。
- 食を通じて私たちに共通認識がある。

上記のような特徴を公共空間に反映させた場合、通常使用される植物材料とは異なり、芳香植物には以下のような機能が加わります[24.54.55]。

- コミュニケーションツールとなる。
- 空間の消毒、浄化ができる。
- コンパニオンプランツ（共栄植物）として他の植物の収穫を高め病虫害の予防に役立つ。
- 園芸作業に関わるヒトやその周囲に予防医学的な効果をもたらす。

次頁以降に、芳香効果を活用した公共性の高い設計事例を順に示します。

1. 公園、2. 高速道路 PA、3. 高齢者施設、病院、4. 集合住宅の外構と内庭、5. レストラン、6. 都市農園、7. 動物園

各々の場所における有効性とデザインを保つための留意点など、ハーブ類の芳香機能を活用しようとする場の参考になれば幸いです。内容は以下のとおりです。

V-4-1　公園

・穏やかな花色とともに自然の香りに包まれる。
・多様なテクスチャーによる感触と風情を味わう。
・座る、歩くなどの身体活動に伴って陽光の中で心身が解放される。
・足元から昇る香りを感じられる。
・目の不自由な人にも香りと共に葉の感触を楽しめる。

東京都（イベント会場）

デザイン保全のために

・生育期には利用形態に合わせて適切な刈込や摘み取りが必要になる。
・近隣公園などでは、園芸福祉的な側面からも利用者を中心にした地元のネットワークによる管理が望まれる。
・3年毎に株分け更新を行う。花株は市民に委ねて地域のシンボル化に活用、転用できる。

V-4-2　高速道路パーキングエリア

・高速道路利用者の心身の疲れを癒す。
・リフレッシュ作用のある芳香植物はドライバーの気分転換に役立つ。
・開花期の色彩だけでなく葉の色調やテクスチャーを楽しめる。
・晩秋に刈り取ったハーブ類はミネラル含有率が高く、循環のための堆肥化に有効である。

兵庫県（権現湖PA）

デザイン保全のために

・生育期には適宜摘み取りや剪定が、梅雨前と晩秋には切り戻しが必要になる。NEXCOと共に地域の障害者などに技術指導を行い、定期的管理によって景観が保たれている（兵庫県、山陽道、権現湖PA）。
・ハーブや雑草の生育状況を把握した上で管理方法を計画し、障害者が作業を行う際に危険な道具類を用いず、手作業を中心に摘みとりや草抜きなどを行う。
・３年毎に株分け更新を行い、PA内の新植や、各施設の緑化材料にする。

V-4-3　高齢者施設・病院

- 歩く、踏むなどのリハビリ訓練や日光浴の際に屋外へ導く動機付になり、室内訓練に比べて対象者の機能回復状態は良好に推移する。素足の散歩が可能。
- クリーピングタイム、レモンタイム、R. カモマイル（リンゴの匂い）など、香りの異なる数種のハーブを連続して植栽した場合に香りと足裏の感触が歩行場所によって変化する。進んだ距離を認識しやすいため体力の向上意識が高まる。触覚、嗅覚、視覚に対する多様な同時刺激される。
- 摘み取った植物はクラフトやいけ花に活用できる。
- レイズドベッド（立ち上がり花壇）の設営は車椅子使用者や支えの必要な人にも屋外に出る楽しみを提供し、四肢のリハビリに有効となる。

東京都（高齢者施設）

デザイン保全のために

- 摘み取り作業がクライアントのリハビリと兼ねられるデザインを用意する。
- 歩行訓練などでグランドカバー植物への踏圧が頻繁にかかる場合は、その養生エリアを設ける必要がある。または、歩行場所を定期的に変更する必要がある。

V-4-4　集合住宅の外構と中庭

・ハーブ植栽は従来の庭園樹に比べて五感を刺激する素材であるため、新しく出会う住人同志のコミュニケーションツールとして、挨拶や共通の話題のきっかけになる。
・採取のハーブは、居住者が料理やクラフト製作に用いることができる。
・菜園や花壇がある場合は、病虫害予防だけでなく、コンパニオンプランツ（共栄植物）として活用できる。

千葉県（I市）

千葉県（T市）

デザイン保全のために

・居住者の食利用への摘み取りを日常的な管理と位置付け、梅雨時と生育期には切り戻し、また晩秋には根際からの刈り取りが望ましい。
・３年毎に株分け更新を行う。
・居住者同志のネットワーク管理が可能なデザインを用意する。

V-4-5　レストラン

- ・安全な新鮮素材を収穫し、摘みたてをすぐに利用できる。
- ・料理人と客の信頼関係が増し、コミュニケーションに役立つ。
- ・各国の季節の行事と食習慣を取り入れることで多様なハーブメニューの組み合わせが可能になる（イタリア、フランス、スペインなど）。

山梨県（仏レストラン）

東京都（伊レストラン）

デザイン保全のために

- ・生育期と高温多湿の時期には適宜摘み取りや切り戻しが必要となる。
- ・食に関わる素材であると同時にもてなしの緑でもあるため日々の利用以外にスタッフのきめ細かな管理が日常的に望まれる。
- ・３年毎に株分け更新を行う。

V-4-6　都市農園

- 個人邸や集合住宅のコミュニティガーデン内に菜園がある場合は居住空間と隣接していることが多く、薬剤散布はできるだけ控えたい。従って病虫害予防と消毒を兼ねて、菜園内での混植や菜園周囲への芳香植物植栽は有効である。
- 野菜類の栽培時にハーブ類をコンパニオンプランツとして活用すれば益虫の飛来が増え、野菜類や草本類の健康度を高めると共に風味の向上も期待できる。

東京都（個人邸）

デザイン保全のために

- 日常利用の摘み取り以外に、高温多湿な時期と菜園の収穫時には風通し確保のために適切な切り戻しが必要となる。
- 刈り取った芳香植物は、クラフト利用の他、堆肥化して土壌改良に使用する。
- 菜園の野菜類のためにも蒸れを防ぐ日常的管理が大切。３年毎に株分けによる更新を行う。
- 収穫を兼ねて切り戻した枝葉は冬期のマルチ材として利用する。

V-4-7　動物園

・動物園のズーストック計画（1989）では生態展示を目指して放飼場のコンクリートが外され草地化された。それに伴う基本計画で提案した食害のないハーブ類は動物の生態に配慮したグランドカバーと位置づけた。食した場合は薬効が期待される。

・排泄物への対策から、タイム類を中心に芳香植物を選定したが、殺菌消毒力や消臭効果が期待できる。

・ニシローランドゴリラの気質が穏やかでなことから放飼場の花色はピンクの濃淡を基準とし、色彩心理による観覧者の共感を得る可能性がある。

東京都（動物園）

デザイン保全のために

・踏圧による芳香植物の損傷率が高いため、日頃から、株分け、挿し木、根伏せなどによる更新が望ましい。

・コンクリートの床は高圧洗浄できたが、草地の場合は放飼場の地面に傾斜をもたせ、また、土壌改良により排水性を高めることでハーブ類の生育環境を整える必要がある。

・日常的に、株分けなどによる更新や土地のエアレーションを行い、グランドカバー植物の健康的な育成を行う。

まとめ V

Ⅱ、Ⅲ、Ⅳの結果から、植物に含まれる多様な芳香成分を植栽計画に活用するために視覚的にわかりやすいモジュール図を作成しました。

効能作用の可視化によって改善を希望する症状を想定し、対応するハーブを選定して植栽計画の部分図を例示しました。不眠症改善のためのハーブは、主として心を落ち着かせリラックスさせるように働くものと、心身のバランスを保つように働くものを中心に選んでいます。呼吸器系の不調に対しては、心身両面から鎮静させるもの、抗ウイルス作用や抗炎症作用、強壮作用等の効能をもつハーブを選定しました。また、精神的ストレスの緩和に対しては、心身共にバランスを整え、鎮静させ、不調な部位には適切な刺激を与えて改善し、かつ強壮にする作用をもつハーブを選定しています[33.36)]。

公共空間の植栽デザインに用いるハーブの選定にあたっては、精油を揮発させやすい条件を整えるために草丈や草姿に留意する必要がありますから、その組み合わせを検討してみました。ヒトの動作と植物の触れ合う関係を軸に分類し、それぞれの動作に伴う植物との接触部位や使用するガーデンファニチャーとの関連を示しました。配植の組み合わせは、生育形態の高さ、広がり、株型が基になっています。

公共的な各施設における芳香植物利用の効果と、景観の心身にもたらす効果について以下に経緯と検証を示します。

高速度道路パーキングエリア：権現湖 PA は不特定多数の利用者の心身の疲れを癒すヒーリングガーデンとして計画したものです。ハイウェイオアシス構想と一体の計画でしたから、パーキングエリアでありながら充実した機能を備えた休憩施設という位置付けが望まれました。そこで、気象条件、周囲の山並み、自生の植物を調査し、香りと葉色をデザイン要素に取り込んだ視覚、嗅覚、触覚に訴える構成を試みました。上下線の PA 設計に際して、両方に芳香植物を用いましたがデザインイメージは全く異なるように計画しています。
大型輸送車の利用が多く、ヒアリングによれば運転手は定期的にここで休憩し、気分転換に役立てているそうです。実際、ベンチに寝転んだり散策したりする姿をよく目にしました。香りに惹かれて植え込みに近づき葉に触れている姿も度々見かけます。
施工後15年を経た時期に園芸療法の現場としてNEXCOの支援を得、地域の障害者施設にこのPAの日常的管理を依頼し、3年にわたって作業を指導し、管理計画を作成しました。香りと色彩の効果であろうと考えられますが、通常の作業に比べてPAでは彼らの集中度が高く継続時間も長いとの報告を施設スタッフから受けました。また、直感的判断に優れる彼らにとってハーブの香りに対する反応は概ね良好で、基本的には嫌いな香りは「無い」ようです。

集合住宅：新しく集合住宅が計画されるとき、周囲の集合住宅にとって隣接することになる建物と外構は心理的・景観的の両面で大きな心配事です。空間イメージが変わることは地域の不動産価値が変化することでもあります。従って新築住宅と周囲の住宅の両者に好ましい景観の創出が必要になります。また、転入者にとっては、集合住宅が大型であるほど居住者同志のコミュニケーションのきっかけが必要となり、景観デザインの中にそれらの要素を織り込むことは大きな意味を持つことになります。同時に、そのデザインが地域の話題になるならば、新しい居住者のプライドを満足させることもできるのです。集合住宅O（外構・中庭）はこれらの条件を踏まえてデザインしたものですが、後に、建設中も近隣からの苦情は一切なく、四期に及ぶ販売計画ではすべて即日完売を達成、さらに、外構・中庭は居住者と近隣住人から好評を得て、交流や集いの場として活用されているとの報告を受けました。
T住宅地の外周路・散歩道は、大型集合住宅の表のメイン通路とは別に住棟間を結ぶ外周通路を「秘密の小径」として計画したものです。10種類のハーブを1セットにまとめてデザインし、分岐点毎のコーナーに植栽しました。組み合わせは、生育形、草丈、花色、葉色、葉形を考慮して穏やかな「まとまり」を演出しました。写真はノーメンテナンスのまま植栽後2年以上経過したものですが、計画通りの草姿を保っており、人手を煩わせていないとのこと。幼稚園児や小学生は通園通学時に専らこの小径を利用していて、学童は帰宅後このエリアで遊んでいること、大人達も出勤にはメインストリートより多くこちらの径を利用する等々のことがヒアリングから分かりました。身体に触れると香りが漂い、葉色のみで静かな色調変化が周年楽しめ、通路幅がヒューマンスケールで精神的に馴染みやすい、などが多く利用されている要因と考えられます。

レストラン：庭を重視した民間のレストランHのコンセプトは、賑やかな「オバサンたちをレディにする空間」と位置づけたものでした。そこで色彩とテクスチャー、香り、景観のボリュームを検討し、格式や優雅さを盛り込んだフォーカルポイントを散りばめた空間構成を考えてみました。設定した「撮られる場」の数とも関連するのでしょうが、結果、空間には人の心持ちや振る舞いを大きく変える力のあることが明らかになった事例といえます。女性たちはここでは心理的に淑女になり、大声で話したり笑ったりせず優雅に振舞う傾向が多く見られました。幼児たちも一言の注意で騒いだり走り回ったりすることをすぐに止めるのです。残念ながら、現在はオーナーが代わり外観もインテリアも当時の姿とは異なっています。

公共空間に植栽材料として芳香植物を用いた場合には、コミュニケーションツール、空間の消毒・浄化、コンパニオンプランツとしての病虫害予防、予防医学的効果などの機能が発揮されます。この機能を反映する場として、公園、パーキングエリア、病院、集合住宅、レストラン、都市農園、動物園などについて自身の事例を示しました。

芳香植物を公共的な緑化材料として有効に用いるには、生育期に適切な摘み取りや切り戻しを行い、数年毎の株分け更新が必要になります。それは木本類の管理計画とは異なるものですが、芳香植物の活用は多面的な公共の福祉に大いに貢献するのではないかと考えられます。

これまで各々の設計者の経験に頼ることが多かった公共空間の植栽計画に対し、植物の香りによる新しい機能を与えるとともに、より汎用性の高い設計に関わる計画条件を示すことができたのではないでしょうか。

Method for Landscape Design in Public Spaces Utilizing Plants' Aroma Effect

Midori Makishima

The purpose of this research is to generalize the gardening method in the public spaces that enables to improve the visitors' health condition by leveraging the plants' aroma effect.

Generally, we focus on the variety and aroma of the herbs planted nationwide but never had been recognized as an element of gardening design. In this research, I looked into the historical background of the use of the herbs, set up the standard of selection, classified the herbs by the characters, and typified them by their chemical components. On the bases of the result of those analyses, I created the module for each herb and classified by the effect. From this classification, I have considered the method of how to apply it to the actual gardening design.

I picked up 65 varieties of herbs that are relatively strong, and easy to grow nationwide, and classified them into 4 different types considering the weather condition, ground condition, and their appearance; the form, color and the texture of the leaves and flowers, and also their growing condition. I utilized the existing research on the effect of aroma oil of the herbs and chose 29 varieties of herbs which can be adapted to the "health improvement garden". For those 29 varieties, I investigated the chemical components and the effects, and typified their aroma. Furthermore, I built 3 modules, namely, sedation, mental balance, and excitement, and I arranged the herbs by the outcome of the effect.

To absorb the aroma of the volatile oil effectively, the herbs need to be stimulated. In this research, I examined the height of the herbs, the extension of the leaves, the growing period and the flower blooming period relevant to the production period of essential oil, along with the above modules. Then I succeeded in presenting the condition of the actual garden designs that allow the herbs to have direct contact with human.

With this research, I indicated the condition of highly adaptable landscape designs with new function leveraging the aroma of the herbs, whereas nowadays, the designs in the public spaces are done mainly by the designers' experiences.

III.
Chamæiris latifolia minima.
IIII.
Chamæiris latifolia biflora.
Chamæiris latifolia
VIII Clusii.
II.
Chamæiris latifolia
X Clusii.

III.
Chamæiris flore candido
II.
Chamæiris cœruleo & vio-
laceo colore
Chamæiris flavo & purpu-
rascente flore.
I.
Chamæiris flore argenteo.

参考文献

書籍

1） C.J.S. トンプソン　駒崎雄司訳：香料文化誌―香りの謎と魅力　八坂書房　2003
2） E・ジョイ・ボウルズ　熊谷千津訳：アロマテラピーを学ぶためのやさしい精油化学　フレグランスジャーナル社　2002
3） H. N. モンデンケ，A. L. モンデンケ　奥本裕昭編訳：聖書の植物　八坂書房　1991
4） Hazel Evans　瀧寺治子訳　槇島みどり監修:The Herb Basket ハーブの知恵袋　辰巳出版　1998
5） N.Y. ヴァヴィロフ　中村英司訳：栽培植物発祥地の研究　八坂書房　1980
6） アグネス・アーバー　月川和雄訳：近代植物学の起源　八坂書房　1990
7） 阿部誠，亀田龍吉，小西達夫　他　監：ハーブスパイス館　小学館　2000
8） 綾部早穂，齊藤幸子編著：アロマサイエンスシリーズ 21　[3] においの心理学　フレグランスジャーナル社　2008
9） 荒俣宏：花の王国　1/2/3/4　平凡社　1990
10）アロマサイエンスシリーズ 21 編集委員会編：アロマサイエンスシリーズ 21　香りの機能性と効用　フレグランスジャーナル社　2003
11）アンソニー・ハックスリ　鈴木邦雄，中村武久訳：緑と人間の文化　東京書籍　1988
12）石井拓男，渋谷鉱，西巻明彦：スタンダード歯科医学史　学建書院　2009
13）伊藤伊兵衛：花壇地錦抄　八坂書房　1933
14）ウイリアム・スミス：聖書植物大事典　国書刊行会　2006
15）エーリック・アールツ　藤井美男監訳：中世ヨーロッパの医療と貨幣危機　九州大学出版　2010
16）エドレッド・J・H・コーナー　大場秀章，能城修一訳：植物の起源と進化　八坂書房　1989
17）大槻真一郎責任編集：プリニウス博物誌　植物編/植物薬剤編　八坂書房　2009
18）大場秀章：Systema Naturae―標本は語る　東京大学コレクション XIX　東京大学総合研究博物館/東京大学出版会　2005
19）大場秀章：大場秀章著作選　I / II　八坂書房　2006
20）奥田浩：香りと文明　講談社　1986
21）片岡郷，宮澤三雄監修・共著：アロマのある空間　日経BP コンサルティング　2010
22）カート・シュナウベルト　安部茂，バーグ文子訳：アドバンスト・アロマテラピー　フレグランスジャーナル社　2004
23）亀岡弘：エッセンシャルオイルの科学　フレグランスジャーナル社　2008
24）川崎通昭，中島基貴，外池光雄編著：アロマサイエンスシリーズ 21　[6] におい物質の特性と分析・評価　フレグランスジャーナル社　2003
25）菊池秋雄，吉津良恭：最新花壇園芸　目黒書店　1933
26）コリン・タッジ　大場秀章監訳：樹木と文明　アスペクト　2008
27）佐々木巖：サレルノ養生訓　柴田書店　2001

28）志田信男：アヴィセンナ　医学の歌　草風館　1998
29）渋谷達明，外池光雄編著：アロマサイエンスシリーズ 21　[1] においの受容　フレグランスジャーナル社　2002
30）渋谷達明，外池光雄編著：アロマサイエンスシリーズ 21　[2] においと脳・行動　フレグランスジャーナル社　2003
31）渋谷達明，外池光雄編著：アロマサイエンス　シリーズ 21　[9]香りの研究エッセイ　フレグランスジャーナル社　2005
32）シャーリー・プライス，レン・プライス　川口健夫，川口香世子訳：プロフェッショナルのためのアロマテラピー　フレグランスジャーナル社　1999
33）ジュリア・ローレス　林サオダ訳：香りの神秘とサイコアロマテラピー―心を癒すアロマテラピー　フレグランスジャーナル社　1996
34）ジョリ・カルル・ユイスマンス　野村喜和夫訳：神の植物・神の動物　八坂書房　2003
35）末永蒼生：色彩自由自在　晶文社　1988
36）ダイアン・レルフ　佐藤由巳子訳：園芸社会学　マルモ出版　1998
37）武政三男：スパイス百科事典　分園社　1981
38）武政三男：スパイスのサイエンス　分園社　1990
39）武政三男：80 のスパイス辞典　フレグランスジャーナル　2001
40）武政三男：スパイスのサイエンス PART2　分園社　2002
41）千葉栄一：香り選書 8　歯と香り―歯科診療をとりまく香り―　フレグランスジャーナル社　2008
42）チャールズ・M・スキナー　垂水雄二，福田正修訳：花の神話と伝説　八坂書房　1999
43）塚本洋太郎編：園芸植物大事典　小学館　1994
44）デイビッド・G・ウィリアムズ　川口健夫訳：精油の化学　フレグランスジャーナル社　2000
45）テオ・ギンベル　日原もとこ訳：色彩療法　フレグランスジャーナル社　1995
46）傳田光洋：皮膚は考える　岩波書店　2005
47）中島基貴編：香りの技術動向と研究開発　フレグランスジャーナル社　2004
48）日本香料協会編：香りの百科　朝倉書店　1989
49）野村順一：色の秘密　文芸春秋　1994
50）ハイデローレ・クルーゲ　畑澤裕子訳　豊泉真知子監修：ヒルデガルトのハーブ療法　フレグランス・ジャーナル社　2010
51）畑中顯和：みどりの香り―植物の偉大なる知恵　丸善　2005
52）畑中顯和：進化する“みどりの香り”－その神秘に迫る－　フレグランスジャーナル社　2008
53）ハンス・ビーダーマン　藤代幸一監訳：図説世界シンボル事典　八坂書房　2000
54）曳地トシ，曳地義治：無農薬で庭づくり―オーガニック・ガーデン・ハンドブック　築地書館　2005

55）ビル・モリソン，レニー・ミア・スレイ　田口恒夫，小祝慶子訳：パーマカルチャー農的暮らしの永久デザイン　農山漁村文化協会　1993
56）福西英三：リキュールブック　柴田書店　1997
57）槇島みどり：楽しいハーブ入門　主婦の友社　1992
58）槇島みどり：知りたがり屋のハーバルライフ―こころ・からだ・健康　三心堂出版社　1996
59）三上杏平：アロマテラピストのための最近の精油科学ガイダンス　フレグランスジャーナル社　2008
60）谷田貝光克，川崎通昭編著：アロマサイエンスシリーズ21　[4]香りと環境　フレグランスジャーナル社　2003
61）山本實，富本光郎：図説花壇と花　三省堂　1936
62）ラウール・マンセッリ　大橋喜之訳：西欧中世の民衆信仰　八坂書房　2002
63）レスリー・ブレンネス　槇島みどり日本語版監修・訳　英国ナショナルトラスト協会監修：The complete book of herbs「ハーブ図鑑110」　日本ヴォーグ社　1992
64）ロジェ・ジャロア編著　ダニエル・ペノエル医学監修　ピエール・フランコム科学監修　高山林太郎訳：フランス・アロマテラピー大全　上/中/下　フレグランスジャーナル社　1997
65）ロバート・ティスランド　高山林太郎訳：アロマテラピー＜芳香療法＞の理論と実際　フレグランスジャーナル社　1985
66）ロバート・ティスランド，トニー・ラバシュ　高山林太郎訳：精油の安全性ガイド　上/下　フレグランスジャーナル社　1996
67）和田昌士，山崎邦郎編著：アロマサイエンスシリーズ21　[5]においと医学・行動遺伝　フレグランスジャーナル社　2004
68）ワンダ・セラー　高山林太郎訳：84の精油　フレグランスジャーナル社　1992

雑誌

69）阿部恒之，庄司耀，菊池史倫　他：基本精油のストレス緩和効果―印象と反応の関連　アロマテラピー学雑誌　9（1）　66-78　2009
70）飯田みゆき，村上志緒，林真一郎　他：アロマテラピーを起点とした環境教育の可能性―東北大学薬学部付属植物園メディシナルハーブガーデンでの試み―　アロマテラピー学雑誌　5（1）　35-50　2005
71）石川眞澄：大規模都市公園の役割と展望―あいち健康の森公園　ランドスケープ研究　62（4）　336-337　1999
72）岩崎寛，山本聡，石井麻有子　他：都市公園内の芝生地およびラベンダー畑が保有する生理・心理的効果に関する研究　日緑工誌　Vol.33　1　116-121　2007
73）岩崎寛，山本聡：高速道路休養施設における緑地空間が利用者のストレス緩和に与える効果に関する研究　日緑工誌　Vol.33　1　255-257　2007
74）大瀧丈二：におい受容の生物学的意義―ノーベル賞受賞研究から観る―　アロマテラピー学雑誌　5（1）　1-15　2005
75）大平辰朗：森林の香り、木材の香り―その特徴と機能性―　アロマリサーチ　No.36　9（4）　383-389　2008

76）岸本久太郎，松井健二：植物における香りと生体防御　アロマリサーチ　No.23　6（3）248-256　2005
77）木野村泰子，下村孝：オフィスワーカーが休憩のために訪れる屋上の現状と屋上緑地の今後のあり方　ランドスケープ研究　75（5）827-832 2008
78）桑波田日香里，小松生明，勝山壮　他：ベルガモット精油のマウス後肢足蹠内投与によるカプサイシン誘発性　アロマリサーチ　№38　10（2）128-133　2009
79）小泉祐貴子：『源氏物語』における庭園植栽からみた「香り風景」　ランドスケープ研究　71（5）2008
80）小森照久：香りの抗ストレス、抗うつ効果と自律神経　アロマリサーチ　No.35　9（3）202-207　2008
81）渋谷達明：香り研究の飛躍をめざして　アロマリサーチ　No.1　1（1）　1　2000
82）神保太樹，浦上克哉：香り提示による感覚刺激と認知症の治療効果　アロマリサーチ　№30　8（2）125-131　2007
83）恒次祐子，朴範鎭，石井秀樹：森林浴の生理的効果に関する研究　アロマリサーチ　№31　8（3）236-241　2007
84）津野田勲：AROMA RESEARCH　10年の進歩・発展の軌跡（1）　アロマリサーチ　№40　10（4）332-339　2009
85）外池光雄：脳科学　人の脳と香り　アロマリサーチ　№40　10（4）312-315　2009
86）平松玲治：利用促進に効果のある国営公園の花修景に関する考察　ランドスケープ研究　67（5）713-716　2004
87）本間請子：人が香りから賜る効能　アロマリサーチ　№40　10（4）320-323　2009
88）政岡ゆり，本間生夫：香りと呼吸の脳内メカニズム　生きる呼吸、香る呼吸、思う呼吸　アロマリサーチ　№31　8（3）218-223　2007
89）政岡ゆり，本間生夫：香る呼吸、感じる脳　アロマリサーチ　№35　9（3）221-226　2008
90）三浦久美子，齊藤美穂：香りと色彩の感受次元と調和性　アロマテラピー　№35　9（3）264-268　2008
91）諸伏雅代，西谷正太，篠原一之：植物芳香成分の情動に及ぼす効果　アロマリサーチ　№32　8（4）348-352　2007
92）谷田貝光克：植物におい成分の化学的特性と作用（4）天然物の抗菌作用とその化学構造　アロマリサーチ　№31　8（3）304-309　2007
93）谷田貝光克：香りの生物活性　アロマリサーチ　№40　10（4）302-307　2009
94）矢野琢也，岡田昌義：アロマによる嗅覚刺激を応用した高強度運動能力の向上とその効果　アロマリサーチ　№32　8（4）384-3389　2007
95）李暎一：都市ブランド戦略としての香りについて　アロマリサーチ　№41　11（1）8-11　2010
96）渡辺恭良：脳機能イメージングを主体としたアロマ研究　アロマリサーチ　№38　10（2）106-109　2009

PL. 27
PAVOT DOUBLE

PAVOT SIMPLE

槇島 みどり　プロフィール

日本女子大学家政学部
家政理学科Ⅱ（生物農芸専攻）
学術博士（千葉大学大学院園芸学研究科）
東京農業大学客員教授
景観デザイナー／園芸療法士

色彩や香など五感刺激を活かした造園、空間計画を得意とする。ハーブや植物療法の先駆者。身近な園芸から公共施設まで、心地よい空間づくりを幅広く実践している。

＜主な作品（基本設計を含む）＞
『お台場地区ウォーターフロント』『ゴリラ・トラの住む森』『東京ビッグサイト外構』『リストランテ・ジャルディーノ』（建築景観賞受賞）『キッズパーク』『キッズステージ』（住宅産業開発協会年間優秀事業賞受賞）『花の公園』『山陽道権現湖PA『国営えちご丘陵公園「イングリッシュガーデン７つの庭」』『チュニジア大使公邸』『多摩川アートラインプロジェクト』（グッドデザイン賞・メセナ大賞受賞）

＜主な著書＞
『ハーブで美しくなる』（二見書房）、『ハーブ新来の香草たち』共著（朝日新聞社）、『ボタニカルアートの世界』共著（朝日新聞社）、『ハーブ図鑑110』翻訳（ヴォーグ者）、『ハーブを楽しむ本』（学習研究社）、『ハーブ 知りたがり屋のハーバルライフ』（学習研究社）、『楽しいハーブ入門』（主婦の友社）、『Herbal Tea』（インターナシィオナル ティー）、他。

ハーバルガーデン
香りを空間にデザインする

2017（平成29）年2月10日　第1版第1刷発行

著 者　槇島 みどり
発 行　一般社団法人東京農業大学出版会
代表理事　進士五十八
住所 〒156-8502 東京都世田谷区桜丘1-1-1
Tel. 03-5477-2666　Fax. 03-5477-2747

印刷／郵便出版社
ISBN978－4－88694－463－4 C3061　¥2400E